幸福都去哪儿了

需把世界问遍，就能找到幸福

何亚歌 / 编著

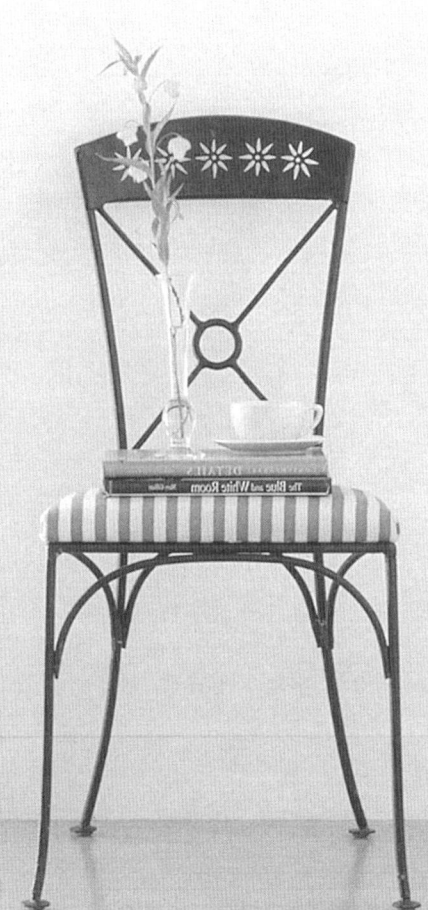

中国华侨出版社

图书在版编目（CIP）数据

幸福都去哪儿了/何亚歌编著.—北京：中国华侨出版社，2014.8

ISBN 978-7-5113-4642-1

Ⅰ.①幸… Ⅱ.①何… Ⅲ.①幸福—通俗读物 Ⅳ.①B82-49

中国版本图书馆CIP数据核字（2014）第109313号

幸福都去哪儿了

编　　著／何亚歌
责任编辑／文　艾
责任校对／孙　丽
封面设计／吾吾Design
经　　销／新华书店
开　　本／710毫米×1000毫米　16开　印张／18　字数／267千
印　　刷／深圳市希望印务有限公司
版　　次／2014年8月第1版　2014年8月第1次印刷
书　　号／ISBN 978-7-5113-4642-1
定　　价／32.00元

中国华侨出版社　北京市朝阳区静安里26号通成达大厦3层　邮编：100028
法律顾问：陈鹰律师事务所
编辑部：（010）64443056　　传真：（010）64439708
发行部：（010）64443051
网　址：www.oveaschin.com
E-mail：oveaschin@sina.com

献给那些对幸福感到迷茫,
被不安折磨的年轻人!

前 言

　　一个人来到世间不是为了承受生命中的痛苦,而是为了追求人生的幸福。由于出身地位的不同,每个人都有自己的个性,都有自己对幸福的理解。

　　那么,幸福到底是什么呢?

　　幸福,就是有大把大把的时间可以和爱人一起去看夕阳;幸福,就是可以吃一顿温馨的晚餐;幸福,就是可以安安稳稳地做好手中的工作;幸福,就是可以坐在轮椅上欣赏路边的风景;幸福,就是黑夜里的一束阳光;幸福,就是因为爱放你离去的坦然与洒脱;幸福,就是躺在草地上静静地沉思;幸福,就是很爱很爱你的誓言;幸福,就是劫后余生的感激;幸福,就是一杯滚烫的白开水……

　　可是,不是所有人都理解幸福的真正内涵。现实生活中,有人历经艰辛,独自感叹世态炎凉;有人拥有了巨额财富、地位和荣誉,却仍烦恼不已;有人不倦地奔波着,把幸福的期望放在未来,因而很难感受到当下的幸福……

　　有时,人们不禁会问:大家都在追求快乐幸福,可为什么到处都是不幸?我们的幸福都到哪儿去了?

　　心态决定人生,其实幸福一直在我们身边,它就在生活的角角落落里,就在你的一举一动中。可以说,幸福无处不在,无时不在,只要你拥有一双善良美丽的慧眼,你就会发现生活点点滴滴中隐匿着的幸福踪影。

亲爱的,相信你一定能幸福!

当你在繁忙的工作之余,不妨问问你身边的同事,也许不经意间你会收获到朋友的友情。当你回到家中时,不妨亲切地慰问一下辛苦一生的父母,也许不经意间你会看到他们感动的神态。当你牵着爱人的手行走在大街上时,不妨轻轻问一下身边的人儿,也许不经意间你会看到自己渴望已久的惊喜。

生活在这个充满矛盾的社会上,时时刻刻都会出现各种各样的纷争,但是,我们对"幸福"的态度永远都是一致的。基于这个原因,我们抱着最真诚的心编写了这本有关"幸福"的小书,希望你能够从中找到自己梦想中的"幸福",希望你能够从中领悟到为人处事的真谛,希望你能够更加珍惜生命中的友情、爱情、亲情,更希望你能够活得一天比一天开心。

祝所有行走在幸福大道上的人们都能够如愿以偿!

第1章　幸福是每个人都追求的

亲爱的，你幸福吗　_002
让人幸福的到底是什么　_005
成功的人就真的感到幸福吗　_007
你总觉得自己不如别人幸福吗　_010
其实，人生没有永久的幸福感　_013

第2章　幸福很简单又很不简单

幸福是一种美好的心理体验　_018
幸福并非名利的天然伴侣　_021
忙碌奔波也不能代表幸福　_024
幸福在于平凡中的不凡　_026

第3章　幸福的人总有一颗平常心

过好生命中一个又一个当下　_030
执着于完美是一种伤痛　_033
放下，即快乐　_035
忘记是最大的幸福　_038
鼓起勇气战胜恐惧　_041

第4章　物质不是幸福的唯一源头

富有和开心是两个概念　_046
爱才是人生的主旋律　_049
只要始终坚守梦想　_051
智慧比外貌更能赢得幸福　_055

第5章　幸福喜欢藏匿在生活的细节之中

放慢生活的脚步　_060
淡定心安中寻找幸福　_062
让自己拥有一颗永远长不大的童心　_065
找个可以让自己安心的好友　_068

第6章　好心态是开启幸福的金钥匙

勇气让你能抵御一切　_072
善用他人的力量　_075
感谢你的敌人　_078
让自己变得更加自信　_081
每天都要乐观向上一点点　_084

第7章　欲望愈少，幸福愈多

爱你所依赖的生活　_090
孤独是一种别样的幸福　_093
放弃虚荣，饶恕自己　_096
活着，才有幸福的可能　_098

第8章　人人都能成为幸福载体

修炼忍耐力，你会更快乐　_104
少安毋躁，以静制动　_107
忍耐是一种沉淀　_109
放弃抱怨，用实力证明自己　_112

第9章　莫让精明偷走你的幸福感

太过聪明，你只会沦为孤家寡人　_118
糊涂，帮你打造简单生活　_120
小事糊涂，大事清楚　_123
适时糊涂，方能赢取快乐　_127

第10章　尊重自己内心的热情

认真倾听别人的心声　_132
保持心中的热忱　_135
让你的内心充满热情　_138
带着热忱去面对生活　_141

第11章　有信仰的人生最幸福

信仰是幸福的一个支点　　　　　　　　　_146
为自己树立一个信仰　　　　　　　　　　_150
信仰，让自卑者更自信　　　　　　　　　_152
只要有信仰在，便会有从头再来的机会　　_155

第12章　幸福是对自己的"经营"

走自己的路，不要屈从于别人的意志　　　_160
保持自我，做最与众不同的自己　　　　　_163
全身心地投入到目标中　　　　　　　　　_166
成为自己想成为的人　　　　　　　　　　_169

第13章　放宽心胸，看开世界

在困境中，依然怀抱希望　　　　　　　　_174
己所不欲，千万勿施于人　　　　　　　　_176
世界上没有绝对的公平　　　　　　　　　_178
得到与付出是成正比的　　　　　　　　　_181

第14章　感恩之心是福善之源

信守你许下的承诺　　　　　　　　　　　_186
学会激励自己，多坚持一下　　　　　　　_189
放下苛求，人生才会更幸福　　　　　　　_191
培养自己的感恩之心　　　　　　　　　　_193

第15章　释放内心深处的正能量

上帝关上一扇门，却会打开一扇窗　　　　_200
没有退路的时候，你才知道自己有多强大　_203
培养自制力，遇事不冲动　　　　　　　　_206
释放情绪，让心底亮堂起来　　　　　　　_209

第16章　拥有一颗温暖的心，能量自然无穷

想开了，才能活得潇洒坦然　　　_214
饶人多条路，凡事留余地　　　　_216
没有挫折，就没有快乐　　　　　_220
你平和，万物都给予你支持　　　_222

第17章　驾驭情绪，让幸福感回归

愚蠢的人生气，聪明的人争气　　_226
别让忌妒之心折磨自己　　　　　_229
放下怨恨，学会原谅别人的过失　_232
宽容他人，把伤害留给自己　　　_235

第18章　接纳自己是一种幸福的能力

制定一个切实可行的规划　　　　_240
正人先正己，打铁还需自身硬　　_242
人皆平等，用尊重赢得他人　　　_245
放下犹豫，学会果断决策　　　　_248

第19章　运用感性能力，品味幸福人生

幸福是由很多细节组成的　　　　_252
痛苦是人生的另一种快乐　　　　_255
品味酸甜苦辣，活得痛快淋漓　　_257
让欣赏成为做人的美德　　　　　_260

第20章　简单生活，幸福无限

活得简单，才能活得自由　　　　_264
释放内心的重负，给心灵放个假　_266
做个单纯的人，走一段幸福的路　_269
学会放弃，方能带来内心的幸福感　_273

第1章

幸福是每个人都追求的

亲爱的，你幸福吗

不管我们是否忙碌，也不管我们身在何方，更不管是男是女，我们总会在某个时刻静下心来，扪心自问："我幸福吗？"不同的人有不同的回答。有人说幸福，有人说不幸福，也有人说不知道。"怎样才能过得幸福呢？"有人说有钱是幸福，有房有车是幸福；有人说心里快乐是幸福，健康平安是幸福；有人说抱得美人归是幸福，有人疼有人爱是幸福。那么幸福到底是什么呢？亲爱的，你幸福吗？

旧时人们常认为，"洞房花烛夜，金榜题名时"是一种幸福，也觉得"福禄满堂，寿比南山"是一种幸福。其实，不同年代，不同阶层的人对幸福的追求和感悟是不一样的。在今天，对农民工而言，生命有保障，能按时拿到工资是一种幸福；对城市里的工薪族来说，能用微薄的收入买起遮风避雨的房子也是一种幸福。幸福是种感受，这种感受因人而异，永远没有统一的标准。

有一个叫李辉的村民，今年40多岁。他说，现在看病有医疗保险，将来老了，有养老保险；生活困难的可以领到低保，五保户能够得到政府的供养；种田不仅不用缴农业税，而且国家还给补助；今年他儿子上大学，政府还资助了学费。而20世纪六七十年代，生活只能维持温饱，那时想都不敢想的事情，现在终于实现了。李辉感觉生活在这个时代很幸福。

类似李辉这样有着强烈幸福感的人数不胜数。不论是在乡村，还是在城市，他们由衷地感到生活在这个时代是很幸福的事。但是，还有不少人觉得自己并不幸福。他们感到迷茫，觉得生活压力大，没有精神寄托，到处寻求刺激。

一个渔夫闭着眼睛，躺在柔软的沙滩上，享受着灿烂的阳光和美丽的海景。一个在沙滩上散步的富翁在渔父身旁停了下来:"这么好的天气,为什么不出海多打点鱼?"渔父睁开眼睛,看了一眼站在旁边的富翁,反问道:"打那么多鱼干吗?"富翁说:"当然是拿到市场上卖啊!"渔夫又反问道:"卖那么多钱干吗?"富翁说:"你真是个愚蠢的渔父,钱当然是越多越好!有了钱,你就可以拥有更多的快乐与自由,就能像我这样,悠然地在沙滩上散步。渔夫笑笑说:"我看愚蠢的是你吧,我现在不正自由地在沙滩上躺着吗?"

幸福与否,并不取决于拥有多少财富,而取决于一个人的生活态度。生活态度是个人修为的最佳体现。

因而,亚里士多德说:"幸福就是自足,幸福的自足就是无求于外物,而自满自足。"

很久以前,有两只老虎,一只被关在马戏团的一个大笼子里,一只在山林里。笼子里的老虎每天都吃得饱饱的,山林里的老虎自由自在。时间久了之后,笼子里的老虎开始厌倦它每天单调的生活,想象着能在山林里自由驰骋;山林里的老虎觉得每天为食物奔波搏斗,实在太辛苦,羡慕每天都能有人喂养。于是,这两只老虎商量了一下,互换了位置。笼子里的老虎走了出来,跑到了山林里,自由奔跑,欢呼雀跃;而山林里的老虎住进了笼子里,心安理得,每天三餐无忧。但是,过了不久,两只老虎都死了——一只忧郁而死,一只饥饿而死。

从笼子里走出来的老虎,因为没有掌握在野外捕食的技能,所以最后饿死;在笼子里的老虎,放弃了它本来可以自由奔跑的山林,却无法放弃它内心广阔无边的孤傲,最后忧郁而死。

原来,别人的幸福未必适合自己,甚至可能是自己的坟墓。

从前,有一位年轻英俊的画家,他不但生活富裕,还有位温柔美丽的妻子。可他觉得自己过得并不幸福,为此苦闷了很长一段时间。

为了寻找幸福,他只好找天使指点迷津:"我拥有别人艳羡的生活,但却依然觉得不幸福,你能给我幸福吗?"

天使想了想,说:"我明白了。"

画家回到家，发现漂亮的房子不见了，温柔美丽的妻子也不知去向，镜子前自己的容貌丑陋无比。他无比悲伤，于是拿起画笔来想画一幅画聊表心情，却无论如何也画不出来。原来天使带走了他所拥有的这一切。

一个月后，画家睡在街头，衣衫褴褛、骨瘦如柴。天使看到画家如此境遇，没说一句话，只是把画家失去的一切还给了他，然后悄然离去。

又过了半个月，天使再去看那位画家。在画室里，几缕阳光从窗户照射进来，画家微笑着挥动画笔，画布上是他温柔美丽的妻子……

画家在失而复得后才明白，幸福原来就在我们身边，就是我们现在所拥有的一切。其实，在失去之后才懂得珍惜，是人类的普遍心理。然而，在现实生活中，一旦失去了，就很难再次拥有。错过一时，也就可能错过一生。

很多时候，我们往往对自己的幸福熟视无睹，总是认为自己不幸福、不快乐，总是艳羡别人的幸福，没有发现自己也拥有着幸福，从而给自己心灵的天空涂上了一层阴影，失去了本来拥有的阳光与快乐。

幸福寄语

在这个物欲横流的社会上，每个人都渴望得到幸福。由于身份地位、成长经历的不同，每个人对幸福的认识也会有所不同。有的人认为一杯白开水就是幸福，有的人认为在黑暗里得到帮助就是幸福，有的人认为平平淡淡就是幸福……那么，幸福到底是什么呢？你幸福吗？当夜深人静的时候，你不妨静静地思索一下，也许你会对幸福有一个更深刻的认识。

让人幸福的到底是什么

幸福是什么呢？幸福是一种美好的感觉。

许多人误以为金钱是幸福的象征。也许你正羡慕着别人的洋房、高档车以及手里大把大把的钞票。但很多事例证明，钱并不能使人感到最大限度的幸福。你可以用钱买来舒适的床铺，但买不来良好的睡眠；你可以用钱买来高档的化妆品，但买不来美丽；你可以用钱买来漂亮的房子，但买不来幸福的家；你可以用钱买来昂贵的保健品，但买不来健康。因此，你无法用金钱买来幸福，幸福不是写在你脸上的，而是自己从内心里感觉到的。

"人之所以幸福，是他的心灵感觉幸福。"这是智者给我们的箴言。幸福其实很简单：它是家庭餐桌上的欢歌笑语，是你生病时亲友一句亲切的问候和祝福，是花前月下情人的牵手漫步，是和心爱的人白头到老。

幸福是藏匿在我们生活细节中的一种感觉，是生活点点滴滴的会聚。因此，每个人如果都知道乐观积极的心态可以使我们拥有幸福的话，就应该努力获取自己想得到的东西。

人生如烟花般转瞬即逝，快快乐乐是一辈子，愁眉苦脸地生活也要你慢慢走过。如果我们可以选择，当然要选择快乐地过一辈子。

有一对姐妹，妹妹嫁给了一个有钱的商人，姐姐嫁给了一个平凡而普通的工人。姐姐总喜欢拿自己跟妹妹比较，总觉得嫁给一个要财没财要貌没貌的老公太不值得了。因为看丈夫哪里也不顺眼，婚后两年的清贫生活，总是过得很别扭。面对妻子的冷淡，丈夫总是默默地忍受着，一边努力拼搏，一边一如既往地给予妻子他最朴素的爱，努力维持好这个来之不易的家。

日子在磕磕碰碰中又过去了两年。忽然有一天，妹妹哭着来找她，说自己的丈夫在外面有了外遇，要与她离婚。这时，她才忽然明白：原来，幸福与不幸福并不取决于财富的多少，并非有钱的男人就可以给你带来幸福，清贫的男人就不值得爱。原来她一直忽略了身边的幸福，一直以为只有当男人拥有了财富，才能给女人带来光鲜靓丽的生活，才能带来美满的婚姻。

此后的日子里，姐姐努力地改变自己，尝试着用爱与温情来接纳自己身边这个一直让她看不上眼的男人。她不再抱怨丈夫的低微出身，也不再抱怨依然清贫的生活，自己倾尽所有开了一间洗衣店，与丈夫携手创造美好的未来。

有了这些改变后，姐姐发现自己的心里充盈了许多。妻子的改变丈夫看在眼里，他也因此更加努力地学习，更加努力地工作。虽然他们的物质生活并没有发生太大改善，但找到了幸福的她，觉得自己不再是以前那个生活在怨恨中的自己了，而是个有人疼有人爱的幸福的小妇人了。

是的，家还是原来的那个家，丈夫还是原来的那个丈夫，一切都没有变，但姐姐的心态变了，一念之间使她变成了另外一个人，完成了从痛苦到幸福的蜕变。生活往往就是这样，面对同一种境遇，不同的人会有不同的心态。就像那位姐姐一样，影响她幸福的因素并不是贫乏的物质生活，而是自己的心态。

一个人如果总是把自己的心浸泡在困难、挫折、偏见、误解、后悔、遗憾等负面情绪里而无法自拔，痛苦必然会如影随形地伴随其一生，最终只能在怨天尤人中郁郁终生。要知道，当我们处在人生的低谷，对自己的生活现状不满意的时候，怨恨、逃避是没有用的，唯一可行的办法就是改变心态，最后拯救自己。我们虽然没有能力改变这个不太理想的世界，但我们却有能力改变自己，通过自己的努力来改变自己的生活，让我们尽可能地生活得好一些，生活得幸福一些。

总而言之，有什么样的心态就会有什么样的人生。一个人心里如果充满了阳光，那么他的人生也一定会幸福美满；一个人心里如果只有阴暗与悲伤，那么他的人生注定充满坎坷与不幸。

幸福寄语

幸福到底是什么呢？幸福是一种非常美好的感觉。幸福不是金钱能够换来的，幸福不是写在脸上的，幸福是自己从内心感觉到的。当一个人心里充满了阳光时，那么他的人生也一定会幸福美满。当一个人心里只有阴暗与悲伤时，那么他的人生注定了失败与不幸。

成功的人就真的感到幸福吗

我们来到这个世界上，是想追求并得到一些东西，例如成功、金钱、名利和地位。其实，归根到底，我们只追求一样东西，那就是幸福。所以，追求幸福是人生的终极目标。

为什么追求幸福是人生的终极目标呢？注意，这里是"追求幸福"而不单纯是"幸福"。人生中大部分时间是处于幸福和不幸福之间的，也就是说，人生的常态应该是不喜不悲。这种"不喜不悲"的状态可以用"无聊"来概括。因为无聊，人们便思考人生的意义，最后得知，要"追求幸福"。追求幸福是一个过程。

我们追求成功，追求金钱，追求名利和地位，不过是表面功夫，深层次看来，我们是想通过得到这些东西来获得社会的认可、人们的尊重，以及更舒适的生活。这些体验，在本质上来讲，就是一种幸福感。

只有去追求，才有源源不断的幸福感，所以，一个幸福的人，必须有一个明确的，可以带来快乐和意义的目标，然后努力去实现这个目标。真正快乐的人，会在自己觉得有意义的生活方式里，享受其中的点点滴滴。

换句话说，幸福无法从无休止地追问中得到，而要付诸实践，在追求的过程中体验幸福。

一群年轻人为了寻找快乐而不约而同地踏上了旅途。多年的磕磕碰碰之后，他们不但没有找到快乐，而且旅途中遇到的各种困难让他们觉得非常不幸，于是决定要放弃了。在返程途中，他们经过一条小河，一个老者正在河边垂钓。老者面带微笑，专心致志，神情怡然自得。

其中一个年轻人十分好奇，走过去问老者："老先生，您快乐吗？"

老人捋捋须，微笑着说："我很快乐啊！"

"您为什么会觉得快乐呢？"年轻人不解地问。

"因为我身体健康，远离尘嚣，享受着自己的晚年生活。"

"老先生，我们一直在寻找快乐，却一直得不到快乐。您能告诉我们应该到哪里寻找快乐吗？"

"这样，你们去拜访苏格拉底，他或许可以解答你们的疑惑。"老人回答说。

于是这群年轻人便动身去拜访古希腊三圣之一的苏格拉底。

他们几天后找到苏格拉底，问道："我们在寻找快乐，不但没有找到，却遭遇了痛苦。快乐到底在哪里？"

"你们先帮我造一条船。"苏格拉底说。

这群年轻人虽然不明白苏格拉底叫他们这样做的目的，但还是答应了，把寻找快乐的事暂且放到了一边。他们商量好了分工，找来了造船工具，锯倒了一棵大树，挖空了树心，造出了一条独木船。他们看到自己的劳动成果，虽然很累，但每个人的心里都异常兴奋。

第二天，他们把独木船抬到江边，并请来了苏格拉底。苏格拉底满意地点点头，说："何不把船推到水里，大家划划看？"于是大家把船推到水里，一起上了船。他们合力荡桨，小船破水前进，他们情不自禁地唱起歌来，歌声在整个空旷的江面回荡。

这时，苏格拉底问："孩子们，你们快乐吗？"

"快乐极了！"他们齐声回答。

第1章 幸福是每个人都追求的

"那你们不就找到快乐了吗？"苏格拉底问道。

这群年轻人恍然大悟，道："原来我们都为了寻找快乐而久久苦恼，却忽略了在寻找快乐的过程中，我们不知不觉得到了快乐。"

其实快乐并不需要刻意地去寻找，它其实就在我们每个人的身边。只要我们融入生活，有目标、有追求地去做好每一件事情，那么快乐就会不约而至。

幸福是每个人都在寻找的东西，寻寻觅觅之后，终于发现，幸福就在灯火阑珊处。当我们融入生活，认认真真地做好每一件事情的时候，我们的灵魂必将充满了幸福。

美国总统罗斯福与夫人刚刚结婚的时候，罗斯福夫人每天都在担心，怕新厨子做出来的饭菜不合罗斯福的胃口，担心此事会影响夫妻感情，担心自己的表现不如意，担心这个担心那个。整日忧心忡忡，让她的生活多了些许阴霾，连她自己都觉得快要成为一个抑郁症病人了。当她最后变得坦然淡定了之后，她说："如果事情发生在现在，我就会耸耸肩，然后把这事给忘了，它实在是不值得放在心上的一件小事。"

罗斯福夫人还对她的厨子说过这么一个故事：

在科罗拉多州的一个山坡上，躺倒着一棵参天大树的残躯。这棵树发芽的时候，哥伦布才刚登陆美洲。第一批移民到美国来的时候，它才长到了倒下时的一半大。几百年来，狂风暴雨侵袭它，闪电如剑击打它，它都安然无恙。但是在最后，有一群小甲虫从树根往里咬，一点一滴，渐渐地，这棵大树日益枯萎，最终倒下了。

是的，我们的生命也是这样，经得起雷电的打击，也经得起狂风暴雨，却经不住一种叫作"忧虑"的小甲虫的咬噬。要克服一些小事所引起的困扰，却也不难，只要把注意力转移一下，做能够让我们觉得愉悦的事情，例如玩一下电脑游戏，换个发型，去购物，去游玩，等等，自然就会快乐起来。

抛开这些无根的烦恼，换回一个新的、开心的看法，如此一来，热水炉的响声，也可以被我们听成美妙的音乐。

幸福寄语

我们来到人间不是为了痛苦而来,而是为了享受幸福而来。幸福是每个人追求的终级目标,倘若一个人失去了对幸福的追求,那么他的人生便失去了自身的意义与价值。一个人活在世上,有了一个美好的梦想,才能够活得开心快乐,才不会觉得枉活一生。

你总觉得自己不如别人幸福吗

人生十有八九不如意,每个人的人生都充满了坎坷。很多人在面对人生的逆境时总会感到不快乐,总会觉得事事不如人,总会不由自主地产生一种失落感。其实,这是完全没有必要的。一个坚强的人完全可以摆正自己的心态,从容地面对生活中的苦难。

每个人都追求快乐。一个有追求的人应该时常计算一下自己有多少天是快乐的,有多少天是不快乐的,然后,再想方设法地让自己的每一天都能够过得快快乐乐。

有个过得并不快乐的富人,厌倦了自己现在的生活,决定到神秘的远方去寻找快乐。于是,富人背上许多金银珠宝出发了。他日夜兼程,走了很多路,却发现自己越走越慢,越走越烦躁。他不知道哪里出了问题,因为他走了这么远,依然感觉不到快乐。

一天,一位用锄头挑着几根木柴的农夫唱着山歌从对面走了过来。农夫的歌声嘹亮,步履轻快。富人忍不住问农夫:"你怎么看上去这么快乐呢?"

"哈哈,是的。我刚从田里回来,我的秧苗又长高了一点;在路上,我幸运地捡到了一些柴火和一些蘑菇！"

"一些柴火和一些蘑菇就能让你这么快乐？你看我什么都不缺，我背上有这么多宝贝，可我并不觉得快乐。你知道为什么吗？"

农夫笑了笑说："你说得没错，这几根木柴和几棵蘑菇，确实比不上你背上的财富，但就是你背上的财富让你觉得异常承重，因此感觉不到轻松和快乐。"

富人转头一想，恍然大悟。是啊，这么沉重的珠宝，把我的腰都压弯了。一路上我还得随时提防着，不要让别人偷了我的财宝，搞得我整天忧心忡忡、心神不宁。如果只带够用的银两，然后轻松地欣赏身边的自然风光，或者把金银财宝分发给穷人，让他们买其所需，也许自己不但能轻松，也能获得快乐！

富人真的这样做了！结果他发现，没有了沉重的包袱，他因此获得了轻松和快乐。他还因为帮助了别人，受到别人的尊敬与爱戴。此时富人觉得非常快乐。原来，快乐是如此简单，只要懂得放下，只要学会分享！

每个人都背着一个空行囊在人生的旅途上行走。一路上，人们会把很多东西放进行囊里——贪婪、狭隘、权力、金钱、情欲……于是，行囊便渐渐被装满了，由于沉重，快乐也就渐渐地消失了。

佛祖说，生活原本没有痛苦，当欲望太多时，痛苦便产生了。欲望越多，痛苦便越多，幸福会离自己越来越远。

只有懂得节制欲望的人，才能享受到人生的真正乐趣；只有懂得不去计较的人，才能享受到左右逢源的和谐；只有懂得放下自己的人，才能享受到生活的自在从容。

本杰明·富兰克林说，世界上有两种人，他们的健康、财富以及生活上的各种享受大致相同，结果，一种人是快乐的，而另一种人却得不到快乐。他们对物、对人和对事的观点不同，那些观点对于他们心灵上的影响因此也不同，快乐与否的分界主要也就在于此。

第一种人是智者，他们能在生活中发现美，哪怕是微不足道的美，也能使他们感受到点滴快乐；

第二种人是愚者，纵使他们有钱、有地位，但是他们也快乐不起来，因为他们只看到生活中的阴暗面。

无论是什么样的人，所经历的事情总有顺利和不顺利；无论在什么交际场合，总能接触到讨人喜欢的和不讨人喜欢的人；无论在什么样的餐桌上，饭菜的味道总有可口的和不可口的；无论在什么地方，天气总是有晴有雨。

万事都有两面性，在这个前提之下，能否得到快乐，就看我们关注的焦点在哪里。智慧的人能在风雨中看到彩虹，能在崎岖泥泞的山路上欣赏波澜壮阔的美景，能在伸手不见五指的黑夜里盼望黎明；愚蠢的人只会抱怨口袋里的钱不够多，妻子不够温柔漂亮，房子不够高档大气，他们永远怏怏不乐，再美好再可爱的事物在他们面前，都变得残缺不全，丑陋无比。

有一位少妇，她已多日夜不能寐，茶饭不思，日益消瘦，只好求助老中医。

老中医看了之后说没什么大病，只是说少妇心中有太多的烦恼事，郁郁寡欢。这话正中少妇下怀，她索性向老中医诉说了自己的烦恼。老中医详细问了少妇的一些其他情况："你和丈夫感情如何？"少妇脸上有了笑容，说："结婚十年我们从未吵过架，他很疼爱我。""是否有孩子？"少妇眼里闪出光彩，说："有一个女孩，很聪明，也很懂事。""工作是否不顺利？"少妇点点头说："就是工作不太顺心。"

老中医边问边写，然后把写满字的两张纸放到少妇面前。这两张纸，一张写着她的苦恼事，一张写着她的快乐事。他对少妇说："你看，你的快乐远比苦恼要多得多！你忽视了身边的快乐，把苦恼看得太重了。"少妇很快就明白过来：工作虽然不顺心，但有疼爱她的丈夫以及聪明乖巧的小女儿，已经足够幸福了。这正如一张有颗黑点的白纸——人们只关注白纸上的黑点，而忘了黑点以外的洁白干净。

生活原本就是这样，看你怎么去想，如何去看待。面对相同的夕阳，有人低叹："夕阳无限好，只是近黄昏。"有人愉快地说："但得夕阳无限好，何须惆怅近黄昏？"更有人高歌："老夫喜作黄昏颂，满目青山夕照明。"

只要我们现在感受着黄昏的美，享受着生命带给我们的酸甜苦辣，这已经是一种恩赐。

快乐的人并不是没有烦恼，而是善于排除烦恼，化消极心态为积极心态，尽可能保持快乐的心情。烦恼的人并不是命运不好、家庭不好，而是自己的心态不好，快乐的事到了他那里也会变成烦恼。

快乐无所不在，关键要有一个快乐的心情。自得其乐是最保险和最恒久的快乐。在很多时候，除了我们自己的心情，我们真的一无所有。

幸福寄语

每个人的人生都不可能一帆风顺，都会经历这样那样的挫折。很多人在遇到挫折与不幸时总会感觉不快乐，总会觉得命运对自己很不公平。然而，有一些人却能够以从容的姿态面对生命中的挫折，这样的人时时刻刻都能够感到快乐与幸福。快乐与否，取决于我们对待生活的态度。

其实，人生没有永久的幸福感

常常听人自悲自叹，觉得幸福离自己很遥远。当问及什么是幸福时，多数人对幸福会作如下定义：豪宅别墅，名车美女，有权有势，名利兼收，等等。倘若有一天这些条件都达到了，他们就真的会感到幸福吗？

事实上，那些亿万富翁生活得都很幸福吗？他们当初所憧憬的幸福感真的实现了吗？没有。他们依然觉得自己仿佛缺少了什么，依然觉得自己非常不幸福。

艾克教授曾在哈佛大学做了一个有趣的实验，实验对象包括三组学生和三组白鼠。

他告诉第一组学生说："你们非常幸运，你们将训练一组聪明的白鼠，这些白鼠之前都已通过一连串的智力训练，都非常聪明。"

接着，他又对第二组学生说："你们的白鼠只是一般的白鼠，不会很聪明，但也不会太笨。它们最终将走出迷宫，但是不能对它们有过高的期望。因为它们仅有一般能力和智力，所以成绩也将普普通通。"

最后，他告诉第三组学生说："你们分配到的这些白鼠确实很笨，就算它们走到了迷宫的终点也属偶然。它们是名副其实的白痴，自然成绩也会不太理想。"

后来，学生们在严格的变量控制下，进行了为期六周的实验。白鼠的成绩和预期的一样：第一组最好，第二组中等，第三组最差。

有趣的是，这三组白鼠实际上都是从一般白鼠中随机取样，随机分组的。三组白鼠在智力上并无显著差异，但为什么会产生如此不同的实验结果呢？

艾克教授解释说，很显然，这是由于三组学生被先入为主的观念所影响，对三组白鼠有了不同的态度，从而导致不同的实验结果。也就是说，由于学生对白鼠有了偏见，用不同的方式对待它们，正是由于不同的对待方式导致了不同的结果。

现在请你想一想，你用什么样的态度看待自己的前途，用什么样的态度对待自己的工作，又认定自己是什么样的人？在最后，我们会成为自己想要成为的那个人。

加拿大作家金克莱·伍德曾这样说："幸福并非来自生命的过程，而是来自你对生活的态度。"

生活是由思想联结而成的，我们必须要以积极乐观的态度生活，一个人假使失去了憧憬未来的勇气，一味活在自怨自艾的嗟叹中，生活就会像一堆无法再燃烧的灰烬。

有这样一句俗语，人比人得死，货比货得扔。这句话告诉人们一个道理：不要盲目地去和别人比较。"比较"有时候可以给人以动力，让人在不断地超越中提升自我。但是,盲目地比较,会让人失去坦然的心态,不能以一颗平常心去看待周围的人与事,从而使自己不快乐。这种情况下,纵然你有再大的成就,也不会快乐起来。因为,我们的快乐不是来自于达到了别人的期望,不是获得了比别人更好的东西,而是真正获得了自己内心想要的东西,成为自己真正想成为的人。

常言道,心静自然凉。炎热的夏天,你改变不了环境,你可以改变自己的心态。财富多可以幸福,一贫如洗仍然可以快乐幸福;人生一帆风顺会幸福,劫难多多也会有快乐和幸福。幸福在于心态,很多时候我们无法强求太多,不如学会看开点,给自己一个好心态,也让自己有绝对的主动权来驾驭生活。

对于自己所拥有的,要以一颗感恩的心来对待。生活中总是有太多的诱惑,在无尽的诱惑中往往让人们迷失了自己。很多时候我们不知道自己到底需要怎样的一份感情,怎样的一种生活。我们所能得到的东西永远都是有限的,只要我们得到了自己真正想要的,就不要再计较太多,知足可以常乐。

幸福寄语

在生活中,很多人总认为自己非常不幸,而且还常常把自身的不幸归咎于外界因素。其实,很多时候,我们之所以不幸福,是因为我们看待事物的态度有所偏差,总是把事情往坏的方面去想。人们常说,有什么样的心态就有什么样的人生。我们之所以感到不幸,那是因为我们总是以悲观灰暗的心情去待人接物,我们总是把事情往坏的方面去想。

...第2章

幸福很简单又很不简单

幸福是一种美好的心理体验

在这个经济快速发展的社会里，人们都非常渴望成功，并且为之付出不懈的努力。很多人都认为，获得成功是人生最重要和最直接的目标。其实，成功只是我们获得幸福人生的一种手段而已。

成功是指通过行动和实践，实现了既定的目标，达成了某种愿望，或者办成了某件事情。成功更多是从结果来定义的，比如说获得了奖项，挣得了财富，赢得了荣誉，等等。正如法国作家福楼拜说的那样："成功是结果，而不是目的。"

幸福不同于成功，幸福是一个过程，是我们心理体验到的一种快乐感受，因而更多是从状态来定义的。

幸福是躲避了城市小喧嚣，呼吸着山林里新鲜的空气；幸福是与爱人手拉手，悠然自得地在海边晒着太阳；幸福是躲在温暖的被窝里，做着美丽的梦，安静地睡到天亮……

成功是一种比较短暂而强烈的心情体验，例如我们站在领奖台上接受大家的喝彩，心情无比激动，但走下领奖台之后，这种激动的心情不会持续很久。相反，久久不能忘怀的是由成功所带来的幸福感。

怎样才能获得成功，或者说成功取决于哪些因素？很多人都思考过这个问题。爱因斯坦认为，成功是勤奋工作，加上正确的方法以及少说废话。日本企业家松下幸之助认为，迈向成功的唯一途径是勤劳工作和诚恳待人。喜剧大师卓别林说："人必须相信自己，这是成功的秘诀。"勤奋、善良、自信、坚持，这些都是成功者的必备素质。

幸福却不一样，相比于成功而言，幸福更为主观一点。幸福取决于人们对世界的看法、情绪的健康水平和环境的质量。成功与幸福相辅相成。

成功的人往往得到了幸福，而幸福的人总会在某一方面做得很成功，例如夫妻关系处理得好，双方和睦恩爱。但这并不是绝对的。

成功的人一定快乐吗？中国有句古语，叫"知足常乐"，已经回答了这个问题。

因为成功是一个结果，长期看来，人们不会仅仅满足于目前的成功，而会追求更大的成功，因为人有无穷的欲望。社会上对成功的普遍定义都是挣很多的钱，然后获得更大的权力。所以，当我们一味追求成功的时候，总要舍弃很多东西，例如没时间照顾家庭，身体健康每况愈下。当成功足以让我们在物质生活上过得充裕的时候，这时我们要懂得感恩，要知足。

相比较而言，一些并不成功的人，却也过得轻松自在，无拘无束。他们晚上去广场跳舞，周日去公园锻炼，喝点小酒，搓会儿麻将，生活得有滋有味。

成功从一开始就是一种博弈。一个人成功了，则意味着别人失败了，用句俗语来说就是，"一将功成万骨枯"，经济学上认为这是因为资源是稀缺的。幸福是一种很主观的心理感受，它无穷无尽，我幸福了，并不会对你的幸福造成影响。

我们在追求成功的同时，能否适当地静下心来思考我们真正需要的是什么？我们一味地追求成功的时候，是否把更重要的东西遗忘了？我们现在得到的，是否足够让我们感觉幸福了呢？人生的最高目标并不是成功，而是幸福，成功只是获取幸福的一种手段。

《记住你是谁》一书中这样写道："作为教授，我不希望看到这事情一次又一次地发生在我的学生身上。应届毕业生们害怕自己的同学们事业有成时，自己还在挣扎前行，一贫如洗，一事无成，于是他们往往选择看起来似乎最安全可靠的路径：寻找高薪工作，以便能衣着光鲜地参加同学聚会。那些毕业生，原本执着于媒体行业的创意，却去了投资银行；那些渴望自由而活跃的创业者，却去了沉静呆板的公司。他们想象自己的同学五年后会获取什么：个人办公室、丰厚的奖金以及高级头衔——所以他们极度害怕和逃避冒险，害怕因为追寻自己的兴趣到头来两手空空。其结果呢？大量聪明有天分的人把时间浪费在那些头衔响亮、待遇丰厚的职位上，但这些职位对于他们根本不合适，而且对于他们真正想追求的职业目标毫无用处。"

诺贝尔经济学奖得主尼尔·卡尼曼曾经说过这样一段话，生活中，大部分的人会认为高收入等于快乐。事实上，虽然高收入的人对生活会比较满足，但他们也因此更容易紧张，有着很多的压力和烦恼。在成功之前，他们可能也曾有过不开心的日子，但他们一直坚信，只要成功了，他们就能够得到属于自己的幸福。而当他们达到目标时，才发现所期望的东西根本就不存在。突然之间，幸福的美梦破灭了，一下子陷入到了"现在怎么办"的深谷之中。

由此可见，成功并不与幸福画等号。当你拥有了事业的成功，只能说你具备了享受幸福的物质条件，至少能吃好穿好。然而幸福是一种奇怪的东西，它虽然依托于一定的物质条件，但更多是精神层面的。当你还在为梦想而努力进取时，你一定可以享受到人生的快乐与幸福，因为这时我们还没办法判断我们所要的成功是否能给我们带来快乐，但肯定的是，在追求成功的过程中，我们体验到了幸福。

在1924年一个闷热的夏天，罗素来到了中国四川。罗素坐着两人抬的竹轿上峨眉山。罗素，作为一个文学家和思想家，看到几位轿夫满头大汗地攀爬在陡峭险峻的山路上，根本就没有了观赏峨眉山的心情——他在猜测着几位轿夫的心情。他想，这些轿夫一定特别痛恨坐轿的人，一定会在心里痛骂："他们没脚自己不能爬上去吗？为什么我们不是坐轿的人，而是抬轿的人呢？"

当到了山腰的一个小平地时，罗素让轿夫停下来休息。他下了竹轿，在一旁细心地观察着这些轿夫们。轿夫们拿出烟斗，坐成一排，有说有笑。他们兴高采烈地给罗素讲自己家乡的笑话，好奇地问罗素一些有关国外的事情，还在交谈中不时发出高兴的笑声。罗素发现，这些轿夫一点都不觉得自己过得悲苦，反而过得很满足。

之后，罗素在其《中国人的性格》一文中讲到了这个故事。他的著名人生观点就是：用自以为是的眼光看待别人的幸福是错误的。

有谁能说，坐轿子的人是幸福的？又有谁能说，抬轿子的人是不幸福的？这个世界上，每个人都有自己的位置，每个人也都有自己的追求。选择适合自己的生活，得到自己想要的生活，便是真正的幸福。

当然，取得幸福并不是要人们将成功、财富或者地位看淡，而是希望读者能够反思一个现象：我们努力追求成功是为了获得幸福，但成功之后，我们却发现自己并不比以前幸福很多。其实，那是因为我们把手段当成了目的。权力、金钱都是获取幸福的手段，而不是目的。

记得曾经问过别人一个这样的问题：你认为幸福应该是什么？他回答说："睡懒觉"。我说："那你为什么让自己忙碌到没有时间睡懒觉？"事实上，除了功名利禄，我们身边还有很多值得我们追求的东西，譬如家人和朋友、兴趣爱好、工作本身。幸福并不是单一的，很多人和事都可以给我们带来幸福。

幸福寄语

成功是指你通过努力实现了既定的目标或达成了某种愿望。在这个快没了个人理想的社会里，人们都非常渴望成功，并且为之进行不懈的努力。很多人都认为成功就是人生最重要和最直接的目标。其实，成功只是我们获得幸福人生的一种手段而已。

幸福并非名利的天然伴侣

生活在这个世界上，很多人都在追求名利。名利并不是幸福的源泉，幸福也不会是名利的产物。名利并不等于幸福，真正的幸福是由心而生的一种感觉，它与名利没有任何关系。

在宾夕法尼亚州，曾经有一段时间，当地人们最痛恨的就是洛克菲勒。被他打败的竞争者将他的全身像吊在树上泄恨；充满火药味的信件如潮水般涌进他的办公室，威胁要取他的性命。他雇用了许多保镖，防止自己遭仇人杀害。有一次，他曾以讽刺的口吻说："你尽管踢我骂我，但我还是按照我自己的方式行事。"

他试图忽视这些仇恨与威胁，但他最后还是发现自己毕竟也是凡人，无法忍受人们对他的仇恨，也忍受不了忧虑的侵蚀。他的身体开始遭受疾病的侵袭，令他措手不及，惶恐不安。

起初，他没有向任何人说起他的忧虑与不安。但是，失眠、消化不良、掉头发等这些病症却是无法隐瞒的。最后，他的医生把病情的严重性坦白地告诉他，说他只有两种选择：退休和死亡。他们提醒他——必须在退休和死亡之间做一抉择。

他选择退休。但此时，烦恼、贪婪、恐惧已彻底破坏了他的健康。美国最著名的传记女作家伊达·塔贝在见到他时，被他的样子吓坏了。她写道："他脸上所显示的是可怕的衰老，我从未见过像他那样苍老的人。"

医生们开始挽救洛克菲勒的生命，并为他立下三条规则——他对此奉行不渝：

（1）避免烦恼。在任何情况下，绝不为任何事烦恼。

（2）放松心情。多在户外做适当运动。

（3）注意节食。随时保持半饥饿状态。

洛克菲勒遵守这三条规则，因此挽救了自己的性命。退休后，他学习打高尔夫球，整理庭院，和邻居聊天、打牌、唱歌等。

温克勒说："在那段痛苦及失眠的夜晚里，洛克菲勒终于有时间自我反省。"他开始懂得为他人着想，他曾经一度停止去想他能赚多少钱，开始思索那笔钱能换取多少人的幸福。

简言之，洛克菲勒现在开始考虑把数百万的金钱捐出去。但有时候，做件事情可真不容易。当他向一座教堂捐款时，全国各地的传教士齐声发出反对的怒吼："腐败的金钱！"但他继续捐献。在获知密歇根湖岸的一家学院因为抵押权而被迫关闭时，他立刻展开援助行动，捐出数百万美元去援助那家学院，将它建设成为举世闻名的芝加哥大学。

他尽力帮助黑人。当塔斯基吉黑人大学需要基金来完成黑人教育家华盛顿·卡文的志愿时，他毫不迟疑地捐出巨款。他帮忙消灭十二指肠虫。著名的十二指肠虫专家史太尔博士说："只要价值5角钱的药品就可以为一个人治愈这种病——但谁会捐出这5角钱呢？"洛克菲勒捐出了数百万美元，帮助消除十二指肠虫，治疗了这种使美国几乎陷于瘫痪的疾病。然后，他又采取更进一步的行动，成立了一个庞大的国际性基金会——洛克菲勒基金会，致力于消灭世界各地的疾病，扫除文盲。

洛克菲勒变得十分快乐。他认识到，金钱永远只是金钱，它不是快乐，更不是幸福，但如果把金钱用到需要的地方去，帮助更多的人，那金钱就能带来快乐、带来幸福。他从此成了真正的"快乐的富豪"。

有一位拥有亿万家产的年轻企业家说："我成了一个挣钱的机器，每天都在不停地运作着，单调而枯燥。说实在的，每天辛辛苦苦也觉得没什么意思，也享受不了什么。金钱对于我来说，除了用以维持现有生活水平以外，已经没有更多意义了。"

这位企业家不会唱歌不会跳舞，更不会打保龄球和台球；他的妻子和儿子定居美国，每年只在暑假回来一次，三口之家才得以团聚。他的妻子说他是个冷血动物，因为应该给予的，他不能给予。他每天都在想着如何才可以赚更多的钱，没有时间去体会幸福的真正滋味。正因为这样，在不停歇地工作中，他开始逐渐意识到，原来自己并没有得到幸福，只是一台会挣钱的机器。

一个拥有无数钱财的吝啬鬼，因为感觉不到幸福，所以前去问牧师："我怎样才能得到幸福？"牧师让他站在窗前看外面的街道，问他看到了什么，他回答道："人们。"牧师又把一面镜子放在他面前，问他看到了什么,他回答道:"我自己。"

窗户和镜子都是玻璃做的,但镜子上镀了薄薄的一层银。单纯的玻璃让我们能看到别人,而镀上银的玻璃就只能让我们看到自己。我们的眼睛常常被名利所蒙蔽,只看到自己而看不到别人,这样的人能够拥有真正的幸福吗?

在多数人的眼里,总认为金钱的多寡与幸福成正比,金钱越多就越幸福。实际上,金钱给人带来的幸福感不会无止境地增加,在到达某个度的时候,幸福感就会饱和,此时,幸福不会因为钱的增加而再增加了。但这个度会在什么时候达到呢?如果我知道的话,你也早就知道了。

幸福寄语

名利,是几乎所有人都在追求的东西。但是,名利绝不是幸福的源泉,幸福也不会是名利的产物。虽然,不同的人对幸福的认识有所不同,但是幸福与名利没有必然的联系。

忙碌奔波也不能代表幸福

人生就像一根弦,太松了,弹不出优美的乐曲;太紧了,容易断。只有松紧合适,才能奏出舒缓优雅的乐章。泰戈尔在《飞鸟集》中写道:"休息之隶属于工作,正如眼睑之隶属于眼睛。"不会休息的人就不会工作,只有休息好了,才能更好地工作,才能更好地生活。

人生就像登山,不能一直低着头脚不停歇地攀爬,假如忽略了沿途风光,也就无法体会到登山的快乐了。人们最大的希望就是过上幸福生活,而幸福生活是一个过程，不是劳碌一生后才到达的一个顶点。

宋朝诗人黄庭坚说过："人生政自无闲暇，忙里偷闲得几回？"人生是忙碌的，真正懂得享受生活的人会忙里偷闲，自娱自乐，这是一种符合自然规律的调适方式。在自然界里，春夏生机勃发，万物生长，到处燕舞蝶飞；秋冬万物沉寂，处于休眠状态。人本身也是自然界的一部分，所以要懂得休养生息，顺应自然规律。悠闲与工作并不矛盾，该工作的时候就好好工作，该休息的时候就好好休息。在这个竞争激烈的社会里，我们的闲暇时间真的太少了，所以忙里偷闲也不失为一种优良的调节方式。

李平是一家网络公司的技术总监助理，在公司素有"拼命三郎"之称。这家网络公司到底忙到什么程度？连上厕所都是百米冲刺的速度！作为技术总监助理，他更是忙到一天只上一次厕所的地步，常常在电脑前，一坐就是一整天，中间一刻也不敢放松。没有双休日，没有节假日，晚上不到12点回不了家，还常常因为突发事件而三更半夜起来。他的生物钟完全被打乱了，睡眠严重不足。这种生活状态如此长年累月，使得他情绪变得非常烦躁，常常因为一些小事和同事大发雷霆。由于李平工作出色，两年后被提拔为部门主管。让他没想到的是，和任命书一起到达的，还有医院的入院证明书和妻子的离婚书。

35岁的林晓晓是一家贸易公司的部门主管。年纪轻轻的他能坐上这个位置，除了才华，更多的是靠勤奋。为了晋升，他每天工作十几个小时，出差更是家常便饭。突然有一天，一向精力充沛的他发觉越来越多的困扰向他袭来：心悸、失眠、易怒、抑郁，对工作产生了极其厌倦的情绪，人也变得越来越憔悴。

现在很多上班族都面临着这样的问题，医学或心理学上称之为"亚健康"，也就是介于疾病和健康之间的一种状态。"亚健康"如果不及时调节和治疗，就会发展成为疾病。

有位哲人曾说过这样一句话："不会休息的人就不会工作。"的确，休息是为了更好地工作，工作又是为了换来更高质量的生活。我们的身体是革命的本钱，如果过分强调工作而忽视身体健康，从长远角度来看，也不利于实现你的职业生涯目标。

二战时期，已近 70 岁高龄的英国首相丘吉尔，每天都工作 16 个小时以上。但是他很善于休息：坐上汽车就能休息；每天都坚持午睡一个小时；晚饭后要在办公室的床上睡上两小时左右，醒后立即精神饱满地投入工作，直至次日凌晨。

古人云："一张一弛，乃文武之道。"人生也应该有张有弛，也应该忙中有闲。俗话说："磨刀不误砍柴工。"休息并不浪费时间，休息与工作并不是无法调和的矛盾体，我们完全可以处理好二者之间的关系。工作时全身心地投入，休息时就把工作完全放在一边，不要总是牵肠挂肚。

幸福寄语

随着经济的飞速发展，人们的日子过得越来越紧张。很多人认为拥有了金钱就可以获得人生的幸福，所以他们拼命地奔波着。其实，我们在辛苦地工作之余完全可以找时间放松一下心情，赛几趟跑，踢几脚球，唱几首歌，这样身心都会变得舒畅自然。

幸福在于平凡中的不凡

人生在世，应该有所追求。一个有理想的人应该在平凡的生活中树立一个远大的目标，并为之做不懈的努力，从而让自己变得不平凡。用心生活的人更容易看到生命中的不平凡之处，更容易创造出令人瞩目的成就。

中央电视台著名主持人王小丫，四川大学经济系毕业后被分到一家经济类报社当记者。让她万万没想到的是，报社领导把她分配到通联部去抄信封。整整三个月，她都是与桌案上的信封度过的。

当时王小丫无比失望，写信封谁都能干，我一个大学毕业生就干这个？虽说有点想不通，但她还是照样好好干，每次都非常用心地抄写信封。三个月之后，她写信封写得又快又好，一个人的工作量抵得上别人的两倍。

后来，领导看她表现十分突出，就主动地问她："想不想干点什么别的工作？"

从此以后，她先后成了文摘版、理论版和副刊的编辑……

在工作中看不起小事，不愿意做小事的，说到底就是看不起自己的工作岗位。殊不知，能把自己岗位上的每一件平凡小事做好做到位就很不简单了。所谓成功，其实就是在平凡的工作中做出不平凡的坚持，把每一项工作都做到极致。

一个初中毕业后就出来闯荡社会的19岁的农村姑娘，几经辗转，到了大连。一天，她见到一座新建成的宏伟大厦，就守在门口等工作机会。这时，一辆小轿车开过来，车里走出一位衣着亮丽的女人。农村姑娘大胆上前求职。女人看着她，说："你就先打扫楼梯卫生吧。"

这位农村姑娘每天从早到晚清扫各楼层的卫生，一干就是半个月，把十几层的卫生打扫得干净彻底。她知道让她打扫卫生的是公司总经理，于是，她壮着胆子直接去向总经理汇报。总经理问："你就带一班人，照你的工作标准，把大厦内全部卫生工作做好，行吗？"

一开始，这位总经理只是出于同情，留她下来随便做点事。后来，见姑娘每日辛苦劳作，工作做得非常认真出色，就有意留她长期工作。于是，农村姑娘成了公司负责卫生的领班。由于其工作认真，先后成为这家公司的分公司——清洁公司和家政公司的经理。十年后，农村姑娘不再年轻，她已是30岁的成功女性，已成了总公司的"副总"。

一个有进取心的人只有争取把本职工作做好，只有努力自觉地去做好每一件简单平凡的事，才能够创造出伟大的事业，历来都是如此。

有一位在政府失业管理部门工作的官员说："每个星期我要处理几百件申请失业救济金的案件。当他们进来时，我总是问他们工作找得如何，对将来有什么新的打算,绝大多数人的回答是否定的、悲观的。那些人的态度就像世界欠了他们一份工作一样。他们总是认为,政府或公司有责任为他们寻找工作,解决生活困难,从不想自己奋斗一番,却千方百计地想得到成就。事实上,绝大多数人只要肯坚持下去,都能找到一份好工作,可是却总是半途而废。"

这位官员说得很有道理。作为一个平凡的人,只有立足于每一个平凡甚至枯燥的今天,把目标与日常工作结合起来,把自己经手的每一件事都做得精益求精、尽善尽美,才有可能最终迈向卓越的明天,因为卓越就是一个不断积累的过程。

"神六"飞天固然伟大,然而创造这个伟大壮举的,正是无数个平凡的人。在这项工程中,直接参与的单位有110多个,涉及数十万工作者。他们没有因为自己的岗位平凡而放弃,没有因为失去出人头地的机会而抱怨。正是有无数个平凡的工作者积聚在一起,才成就了我们伟大的飞天梦想。

事物是变化发展的,矛盾是可以转化的,任何事物都有两面性。在平凡的生活中,想要做出不平凡的事,就是要把不利因素转化为有利因素。一味地抱怨,有价值的东西就会在这种抱怨中消失殆尽。所以,我们不如把抱怨和叹息的时间,用来寻找解决困难的办法,让自己的心态变得积极起来。

在我们每一个人的成长中,往往都想变得非凡,但却发现我们都很平凡。实际上,我们大多数人都是平凡的,只有努力奋斗才能在平凡的生活中享受不平凡。这个世界不只是为不平凡而存在,更是为平凡而存在。

幸福寄语

  我们大多数人都是平凡的,都在过着平凡而琐碎的日子,但平凡的同时都渴望能够有所成就。一个有理想的人总能够为自己的目标进行不懈的努力,最后将平凡的生活变得不平凡,从而享受不平凡的人生。

...第3章

幸福的人总有一颗平常心

过好生命中一个又一个当下

在忙忙碌碌的岁月里，有时候我们真的需要静静地品味一下人生的滋味。既然时光如流水般逝去，既然人生的一切都是那样地稍纵即逝，那么，我们唯有认认真真地把握好现在的生活，过好生命中一个又一个当下。

在人生的十字路口，我们往往会感到犹豫彷徨；走在崎岖坎坷的人生之路上时，我们会感到迷惘和无助。但是，有这样一句话，生活不相信眼泪。所以，残酷地说，在失败和挫折面前，许多人往往感到痛苦，但痛苦只能无济于事。

19世纪，法国天才诗人兰波说："生活在别处。"20世纪，捷克小说家米兰·昆德拉把这句话传遍世界。

"别处"的生活永远值得我们去追寻，然而，它却是不真实的，"生活在别处"只是一种虚妄的追寻。每个人都向往着"别处"的生活，都觉得他乡的月亮更圆。其实，"别处"仅仅是用来调剂"此处"，正如当下人们调侃的一样："旅行就是离开自己活腻的地方，到别人活腻的地方去。"真正的生活不在"别处"，而在"此处"。

有位帝王穷其毕生之力，南征北战，终于称霸世界，而他此时也日薄西山了。两个孙子在床前嬉戏，其中一个问："爷爷，你现在最想做什么？"帝王望着窗外一望无际的疆土，悠悠地说："让我带你们俩在夕阳西下的海边，散步五分钟，这辈子我就满足了。"

帝王在人生迟暮时终于明白了"生活在此处"，遗憾的是，他明白得太晚了。谁能在当下的生活中满足，并享受其丰盈的意蕴，谁就是这个世界上最幸福的人。无论"生活"在什么地方，追寻和安享都只是一种方式，最重要的是生活本身。

对我们每个人来说，自己的"此处"便是他人的"别处"，是他人憧憬和向往的地方。在他人眼里，你的"此处"很美，但你却浑然不觉，或根本不懂得去珍惜。

这是因为我们总习惯以自己的想象去描述别人的生活，但当"别处"成为"此处"时，渐渐就会失去当初心头的美感，继而厌倦，接着想寻找新的"别处"，如此永无止境，永不满足。其实，生活就在此处，就在眼前，就在此刻，就在我们手里。慢慢走，欣赏一路的风景，不为别的，只为"生活在此处"。

人生是一个非常漫长的过程，而绝不只是一个结果。如果真的可以让你一下子就能够得到你想要的那个结果，而没有过程，你会愿意吗？

我们总是渴望着过自己理想中的生活，这本身并没有错。但如果过于执着于未来，为当下而苦恼，那我们的每一天都只能在惶惶中度过。

明天要发生的事情，我们谁也无法预料。一味地担心明天会如何如何，大多时候是在杞人忧天。我们现在就生活在此处，而不是遥远的"别处"；我们就生活在此时此刻，而不是未来的任何一个时刻。

印度有位才貌双全的哲学家，迷倒了很多女人。一天，有一位年轻漂亮的女子满脸自信地对他说："让我做你的妻子吧！错过我，你就找不到比我更爱你的女人了！"

虽然哲学家很喜欢她，但他仍回答道："我想考虑一下！"哲学家用他一贯研究学问的方法，把结婚的好处与坏处，不结婚的好处与坏处分别罗列出来，最后发现好坏几乎均等。哲学家不知该如何抉择，只好陷入了长期的苦恼中。最后，他终于得出一个结论：人在面临抉择而无法取舍时，应选择尚未经历过的那一个。

于是，他来到那个女子家里，对她父亲说："你的女儿呢？请你告诉她，我考虑清楚了，我决定娶她为妻！"

女子的父亲冷冷地说道："你来晚了十年，我女儿现在已是三个孩子的妈妈了！"

两年后，哲学家抑郁成疾。临死前，他将自己所有的著作丢入火堆，只留下了一段对人生的注解：如果将人生一分为二，前半段的人生哲学是"不犹豫"，后半段的人生哲学是"不后悔"。

　　人生是一道多项选择题，有多个选项。我们经常会站在人生的分岔路口，我们不确定应该选择哪一条路，但肯定的是，每一种选择都会对应一种结果，都是不一样的人生。人生的奇妙之处在于，我们只能选择一条路，然后继续走下去。当我们有得选择的时候，不是选择正确的，而是选择不后悔的。

　　熟悉的地方没有风景，不熟悉的地方有陷阱；熟悉的人只有缺点，不熟悉的人全是优点。我们总是梦想着拥有一座奇妙的玫瑰园，而不去欣赏今天就开在我们窗口的玫瑰。

　　人生如同睡觉，眼睛一闭一睁，一天就过去了；眼睛一闭不睁，一辈子就过去了。人生苦短，不要再在"生活在别处"的虚妄里浪费光阴了，不要老惦念明天的事，也不要总懊悔昨天的事，而要把精力集中在今天应该做的事情上面。

　　昨天已经成为历史，翻过了就无须再遗憾；明天尚未到来，尽管它充满着无限的可能，毕竟还是个未知数。过去如何痛苦，未来如何美妙，都不是最重要的。珍惜属于你的每一个今天，用心地过好每一个当下。

幸福寄语

　　在生活中，很多人不是生活在过去的痛苦或者辉煌中，就是生活在对未来的憧憬中。一个聪明睿智的人就应该活好生命中的每一个"今天"，因为毕竟昨天已经成为过去、将来还没有到来，而我们唯一能够把握的只有"今天"。

执着于完美是一种伤痛

在这个纷繁复杂的世界上,十全十美的事是不存在的,完美只是人们的一个目标、一个方向和一个憧憬,不应该成为我们的追求。

世界上本来就没有完美无缺的人与事。中国有一句古训,人无完人,金无足赤。人一走向绝对,就很容易步入生命的误区。但是,在我们现实生活中,有很多人曾经不止一次地犯着同样的错误——过分追求完美。

他们常常在生活中追求完美,不仅要求自己做到完美,也要求别人是完美之人。正是由于陷入这种误区,使得很多人错失良机,失去友情、爱情,失去自我,以至于改变了对世界、对生活的看法。

有人曾说:"完美本是毒。"事事追求完美其实是一件痛苦的事,有如毒害心灵的药饵!

其实,事事追求完美就是给自己戴上了一道无形的枷锁。

一个老和尚想从两个得意弟子中挑选一个作为他的衣钵传人。

一天,老和尚对两个弟子说:"你们出去给我拣一片最完美的叶子。"两个徒弟遵命而去。不久,二弟子回来了,递给师父一片树叶,说:"这片树叶虽然有很多瑕疵,但我认为它是最完美的。"大弟子在外面转了半天,最后空手而归。他对师父说:"我看到了许许多多的叶子,但我认为没有一片是完美的。"最后,老和尚把衣钵传给了二弟子。

我们总想在生活中"拣一片最完美的叶子",追求最完美的东西。但是,倘若不切实际一味地寻找下去,一心只想十全十美,最终往往是两手空空。直到有一天,我们会问自己:"为了寻找一片最完美的叶子,我不停地错过,我到底得到了什么?"

完美不是一种既定的现象,而是一个日臻完善、执着追求的过程。

一位未婚的先生来到一家婚姻介绍所，进入大门后，迎面见到两扇门。一扇门上写着"美丽的"，另一扇门上写着"不太美丽的"。他没多做思考，按照自己的偏好推开了"美丽的"门。接着又见到两扇门，"年轻的"和"不太年轻的"。他推开"年轻的"门。然后又有两扇门，"善良温柔的"和"不太善良温柔的"。他推开"善良温柔的"门。还有两扇门，"有钱的"和"不太有钱的"。他推开了"有钱的"门……

就这样一路走下去，他先后推开过美丽的、年轻的、善良温柔的、有钱的、忠诚的、勤劳的、文化程度高的、健康的、有幽默感的共九道门。当他推开最后一道门时，只见门上写着一行字：您的追求过于完美，这里已经没有再完美的了，请您到大街上找吧。原来他已经走到了婚介所的出口。

这个幽默的故事不只是讲婚姻，更是在讲有关完美的话题。在这个世界上，十全十美的东西是不存在的，完美只是人们的一个努力方向，不应该成为一个人的终极追求。

如果太执着于某种事物，就会很容易产生痛苦；要摆脱痛苦，必须抽离于执着。如果试图通过改变外在的世界来达到完美，那么永远是徒劳无功的，因为永远会有你意想不到的缺陷出现。当你生气的时候，你应该问一下自己，为什么会生气，是否出现了期待之外的东西。我们所期待着的东西，正是我们的执着。我们的一切痛苦和烦恼，不过是因为过于执着。

过于执着的人，往往是生活中的完美主义者。从本质上来说，世界是无序的，想要达到完美，就意味着要改变，改变成我们想要的样子。很多人试图创造完美的世界，不过他们最终都被证明失败了。我们创造不了完美的世界，唯一能做的是改变自己的心境。事实上，只要把你的心境稍作调整，一切都会看起来很完美。

我们真的能接受完美的东西吗？残缺的东西就真的不美丽吗？试想一下，我们会爱上一个无可挑剔、完美无缺的人吗？著名雕像米洛斯的维纳斯，又叫"断臂的维纳斯"。曾几何时，不知有多少艺术家绞尽脑汁想为失去双臂的维纳斯重塑双臂，最后都非常遗憾地发现一切努力只是徒劳——完整无缺的维纳斯，反而失去了震撼灵魂的美。维纳斯的美就在于她的缺陷，就在于她断了的双臂可以给人们以无穷的想象空间。

人生不可能没有挫折，月亮不可能永远满盈，每个人的心中都有一尊断臂的维纳斯。其实，残缺才是最真实的人生。正如罗曼·罗兰所说的："凡事不妨保留一点缺陷，缺陷正是孕育希望的摇篮。"有缺陷，才会产生想要把缺陷补足的欲望，才可能激发创造力和动力。物满则溢，物极必反，乃千古不易之真理。很多人把完美当成人生追求的最高境界，其实这是不切实际的想法，往往成为人生烦忧的根源。

有阳光的地方，都会有阴影，如果我们没有阴影，就不是一个纯粹的人。痛苦来源于过分执着和不接受——执着于完美，不接受我们的缺陷。

> **幸福寄语**
>
> 世界上不存在十全十美的事物。完美，只是人们向往的梦想，过于执着完美只会伤害到自己。很多时候，我们完全可以放下苛求，以宽容大度的态度来处世，也许生活会变得轻松和美好。

放下，即快乐

生活在这个充满矛盾的世界上，每个人都会有许多烦恼。为什么会这样呢？烦恼来自于我们的内心，当我们习惯以自我为中心的时候，烦恼便产生了。自己不给自己烦恼，别人永远不会给你烦恼，烦恼都是自找的。我们有太多的放不下，名利、金钱、利益，等等。如果我们想没有烦恼，那么就要学会"放下"。

没有烦恼的人生是不存在的，当然也是不完整的。再快乐的人也会有烦恼，即使是那些快乐得能忘记一切的孩子也有自己的烦恼。既然烦恼无法避免，我们要学会的就只能是如何面对烦恼了。

《列子·天瑞》里有一个寓言：杞国有个人，整天都在担心天崩地坠，身无所寄。为了这件事，他吃不好，睡不好，整天苦思冥想，惶惶不可终日。后来有人向他解释说，天空是由大气组成的，绝对不会塌下来，即使真的塌下来，也不会对人造成伤害。杞人听了这样的解释，这才放宽了心。你看，世上本无事，庸人自扰之。

时下，人们成天为利益钱财缠身，陷入你争我夺的境地，谈何快乐？成天为工作所累，为家庭操心，以至心事重重，阴霾不开，快乐又在何方？成天小肚鸡肠，心胸如豆，无法开豁，快乐又何处去寻？

因此，懂得放下就可以获得快乐，"放下"是一味开心果，是一味解烦丹，是一道欢喜禅。只要你心无挂碍，什么都看得开，什么都放得下，快乐自然会与你相伴。

一位满脸愁容的生意人来到智慧老人面前：

"老先生，我急需您的帮助。虽然我很富有，但人人都对我横眉冷对，生活像一场充满尔虞我诈的厮杀。"

"那就请你停止厮杀。"老人从容地回答他。

生意人觉得老人的这句话只是随便应付，他带着失望离开了老人。在往后的日子里，他经常与身边的人争吵理论，心情烦躁，还由此结下了不少冤家。一年以后，他变得心力交瘁，再也无力与人一争长短了。

"哎，老先生，现在我不想跟人家斗了。但是，生活仍旧如此沉重。"

"那就请你把担子卸掉。"老人回答说。

生意人对这样的回答很气愤，又是一句敷衍，于是怒气冲冲地走了。后来，他的生意遭遇了挫折，并最后丧失了所有的家产，连妻子也带着孩子离他而去。他一贫如洗，孤立无援，他只好再一次向这位老人讨教。

"老先生，我现在已经两手空空，一无所有，生活里只剩下了悲伤。"

"那就请你停止悲伤。"生意人似乎已经预料到会有这样的回答。但这一次他既不生气也不失望，而是待在老人居住的那个山的一个角落。

有一天，他突然悲从中来，无法遏制，号啕大哭了起来。最后，他哭干了眼泪，抬起头，早晨温煦的阳光正普照着大地。于是，他又来到了老人那里。

"老先生，生活到底是什么呢？"

老人抬头看了看天，微笑着回答道："一觉醒来又是新的一天，你没看见那每日都照常升起的太阳吗？"生意人仔细品味老人的话，想到自己已经一无所有了，已经没有什么是可以失去的了，也没什么是放不下的了，更没什么是可以牵挂的了。他忽然大彻大悟，和老人从此长居于山中。

生活到底是什么呢？其实，这完全取决于我们以什么样的眼光去看待它。在我们的生活中总会遇到各种各样的烦恼，假如你摆脱不了它，它就会如影随形地跟着你，长此以往生活就成了一副重重的担子。一觉醒来又是新的一天，每天太阳都照常升起。放下烦恼和忧愁，那么每一天又会是崭新的开始。

人生在世，不如意十有八九，再幸运的人也不可能事事顺利，天天开心。人遇到挫折、失败和打击，倘若一味地消沉下去，只能使不如意变得更加不如意。其实，快乐的人同样有痛苦和眼泪，只不过他们善于把痛苦化为意志和力量，把眼泪作为心灵的灯盏，来照亮自己前行的道路。

放下是福。一个人面对世间万事万物，只要能够"放下"，就不会戚戚于贫贱，汲汲于富贵，从而安享心灵的平和与安静，同时也会发现得到幸福和快乐是一件非常简单的事情。

放得下，是一种随遇而安。当你拥有了一颗平常心，就能够对名利地位、金钱利益采取超然物外的态度，笑对人生的种种苦难和逆境，挣脱名缰利锁的束缚，不为个人得失荣辱所累。学会放下，就能从困境或迷惑中解脱出来，遇事想得开，看得透，从容面对人生。

"宠辱不惊，闲看庭前花开花落；去留无意，漫观天外云卷云舒。"别让世俗的尘埃蒙蔽了眼睛，别让太多的功利给心灵套上了沉重的枷锁。学会放下，快乐就会随时围绕在我们身边。

幸福寄语

生活在这个充满矛盾的世界上，每个人都会有各种各样的烦恼。有时候烦恼不是别人带给自己的，而是自己给自己找来的。其实，我们完全没有必要这样，我们完全可以选择从容地放下。当我们能够勇敢地"放下"时，快乐就会随时围绕在我们身边。

忘记是最大的幸福

一天晚上，我去看望一位遭人诬陷的朋友。在吃饭时有人打来了电话，我听出来是要告诉我这个朋友诬陷他的人是谁。朋友说："你千万别告诉我，我不想知道。"我有些诧异，朋友解释说："知道了又怎么样？有些事不需要知道，有些事需要忘记。"

有一对奥地利夫妇和一对瑞典夫妇一起参加一个登山活动，不幸的是，在登山途中遇到了雪崩。在逃避过程中，他们陷进了一个山洞。虽然四人都活了下来，但同时他们也困在了山洞里。

他们尝试着去寻找出去的路径，但是找不到。最后，在残酷的现实面前，两对夫妇经过仔细地权衡之后，决定接受与世隔绝的山洞生活。他们定下了规矩，绝对不能提及外面的世界，把山洞当作自己的家园，像平常生活一样按时作息，仿佛什么事情都没有发生一样。

不知不觉中，两周过去了，没有救援队前来搭救，他们的食物已经吃光了。于是，他们开始在山洞里寻找一切可以寻找到的食物——从地层里挖出的虫子、老鼠，还有从洞口掉进来的小鸟尸体，凡是能够入口的东西他们都找来充饥。

这样不知过去了多少时日，家乡的亲人都以为他们已经死去。然而，有一天又发生了一次雪崩，山洞在震动中出现了另一个出口，最后四人成功被解救了出去。

这样，两对夫妇活着回到了他们的家乡，成为当地闻名一时的明星人物。当媒体询问他们为什么能在如此恶劣的条件下活下来的时候，他们总是非常平静地回答："没有什么特别的，只不过我们在洞中学会了忘记。忘记遭遇，忘记周围环境，只记住属于我们自己的生命。"

忘记不幸，是面对不幸的另一种方式，是获取新生活的开始。只是忘记不幸，并没有那么容易，我们常常沉浸在对过去的回忆里。鲁迅笔下的祥林嫂，沉浸在丧失阿毛的痛苦中无法摆脱，逢人便说："我真傻，真的。我单知道下雪的时候野兽在山坳里没有食吃，会到村里来；我不知道春天也会有……"阿毛的死本来是个悲剧，但祥林嫂对这个悲剧的反复温习，又造就了她自己的悲剧。她活在过去的痛苦里，也死在过去的痛苦里。

忘记过去，特别是过去不开心的事情，是平衡心理的一种方式。有些人能够忘记失败时的尴尬和窘迫，却对成功时的得意津津乐道，殊不知失败与成功早就成为了过去时。很多人喜欢拿明日黄花当眼前美景，沾沾自喜，自鸣得意，陷自己于虚妄之中。俗语"英雄不提当年勇"讲得非常有道理，因为反复得意于过去的辉煌，只会让我们容易裹足不前，不思进取。

印度诗人泰戈尔说过："如果你为失去太阳而哭泣，你也将失去星星。"为鸡毛蒜皮斤斤计较，为芝麻谷子耿耿于怀，只怕心灵之船不堪重负，记忆之舟承载不下，痛苦的过去必将牵制住幸福的未来。有一句话说得非常好，生气是拿别人的错误来惩罚自己。既往不咎的人，才是快乐轻松的人。

要做到一边行走一边忘记，并不是件容易的事。记忆是个奇怪的东西，对于深刻的事情，不管是快乐还是痛苦，我们都难以忘怀。痛苦是要忘记的，但感动和快乐不应该被忘记。

有两个朋友一起去旅行，一个叫吉姆，一个叫约翰。两人经过一处山谷时，约翰不幸失足滑落，幸好吉姆拼命拉他一把，才将他救起。约翰在附近的大石头上刻下："某年某月某日，吉姆救了约翰一命。"接着，他们来到一条小河边。吉姆跟约翰为一件小事吵起来，吉姆一气之下打了约翰一耳光。约翰跑到沙滩上写下："某年某月某日，吉姆打了约翰一耳光。"当他们旅游回来后，知道内情的朋友问约翰："为什么非要把吉姆救你的事刻在石头上，而将吉姆打你的事写在沙滩上呢？"约翰从容地回答："我永远都感激吉姆救过我，所以刻在石头上以便终生铭记；至于他打我的事，会随着海水冲刷沙滩，被忘得干干净净。"

永远都要牢记别人对你的恩情，忘记别人对你的不好，这才是做人的本分。

在现实生活中，任何人遇到那种见面便诉苦，而且同一题材反复诉苦的人，都会觉得心情不爽。所以，我们不要把一些小挫折拿来折磨朋友、折磨自己。如果真有不快，就高歌痛饮一场，然后潇洒地把这一页翻过去。

王家卫的很多电影都是关于记忆和时间的。在《东邪西毒》里，黄药师送给欧阳锋一坛酒，叫作"醉生梦死"。喝了这坛酒的人，就会把以前发生的事情全部忘记。被痛苦折磨的人，总是希望有一坛"醉生梦死"的酒，喝下去，然后忘记痛苦。现实生活中其实真的有这么一坛叫"醉生梦死"的酒，正是"Ashes of Time"——时间的灰烬。时间能摧毁一切，倘若再加一点儿散淡的个性，痛苦会忘得更快一些。

懂得忘记的人，他的身影会非常潇洒。在王家卫的电影里，那些被痛苦回忆折磨的英雄们，即便无敌，也寂寞颓废。

民间传说人死之后要喝一碗"孟婆汤"，喝了这碗汤之后，可以忘掉前生所有事情。这个传说很有意思，原来我们的老百姓早就知道，要忘掉昨天的坎坷才能迎来明天的新生。时常欣赏自己伤疤的人，一种是过度自恋，沉浸在自己的痛苦里，一边呻吟一边觉得美丽动人；一种是心胸狭窄，睚眦必报，总想着有朝一日以牙还牙；还有另一种是太过执着，总记挂着得不到的东西，不知道舍弃也是新生，于是便在痛苦的泥潭里耗费生命。

所以，忘记该忘记的事情，是种智慧，也是种境界。

幸福寄语

过去的事情永远留在了昨天，今天还在继续着。很多时候，很多人总是不由自主地沉浸在过去的回忆里。一个智慧的人应该懂得忘记失败时的尴尬与落寞，也应该忘记成功时的掌声与辉煌。我们每个人都应该学会忘记"过去"，勇敢而自信地活在"今天"。

鼓起勇气战胜恐惧

每个人的生命中都会有不少潜藏的恐惧，有的是因自己的怯懦而产生，有的是外力在我们成长的过程中所加诸的阴影。倘若我们不能勇敢地面对它，而只想处处躲着它，我们就一定会发现：世界真的很小，我们只会面临无处可逃的命运。

57岁的罗博特一想到即将退休，就愁绪万千；25岁的琳达一乘坐电梯，就有恐惧感；15岁的费利斯一想起约会，就双腿发颤，肠胃不适。几乎所有年龄阶段的人都有各自不同的恐惧心理。其实，恐惧并不一定就是一件坏事，有时候，恐惧还会激发你的勇气和潜能，帮助你逃脱灾难。当恐惧程度比危险还要强烈时，它就会变成一个非常严重的问题。

恐惧并不是与生俱来的，它是由过去的经历和生活环境造成的。例如，一位名叫比尔的年轻人，他的父亲从来都觉得灾难只不过是一道暂时没有跨过去的坎儿，最后总能被勇气和决心克服。比尔在父亲的影响下喜欢上了冒险，他总是相信自己有能力解决任何问题。查理的父亲用毕生精力来保护自己和他的家庭，总是担心工作变动及被"炒鱿鱼"；由于怕出车祸，他不敢去度假。生长在这样的环境里，查理自然而然地变得胆怯和紧张。

有些人总喜欢给自己一些限制，不敢去尝试一些新鲜事物，他们总是在心中对自己说,"我不能!""我不会!""我不喜欢!"于是,让自己遗憾地在原地踏步,无法突破。

"我不能"、"我不会"、"我不喜欢",这样的话语,其实都是自己用来吓自己。因为恐惧,本来很容易的事情,被我们错误地评估,觉得非常困难,无法克服,成为阻挡我们前进的障碍。说白了,由恐惧心理主导的行为,就是要自己主动放弃,免于付出尝试的努力,而且毫无愧疚之心。

姜志远在某名牌大学就读。该学校的学生都为自己能在这所学校读书而骄傲,都相信自己毕业后能找到好工作。可姜志远毕业后,情绪越来越不好,他并没有因为自己是名校的学生而骄傲,相反,他一直以来都被自卑情绪困扰着。

自从上了大学之后,他很少参与社团活动,觉得自己没有能力胜任,倘若完成得不好,担心别人会嘲笑他;他的学习成绩一直平平,也没其他什么过人之处;他不愿意参加班集体活动,因为他不敢与同学沟通,害怕说错话,害怕在同学面前出丑。其实,从小到大,很多事情他都不敢做主,一直都是由父母安排着、设计着。虽然姜志远已经大学毕业了,可是还像个孩子似的,畏畏缩缩。

面对择业时,他变得非常无助,因为他不知道自己喜欢什么样的工作,不知道自己能够胜任什么样的工作。虽然最后壮着胆子前去参加了各种笔试与面试,但最终还是由于面试时表现得过于紧张,缺乏信心而没有被用人单位录用。

由于长期生活在被别人安排的生活里,自己也没有意识到要争取机会改变自己,姜志远最终成为了这样一个性格懦弱、胆小如鼠的人。

其实,没有人能够完全摆脱怯懦和畏惧,最勇敢的人有时也不免懦弱胆小、畏缩不前。如果让恐惧和懦弱长期占据我们的心灵,它就会成为情绪上的一个毒瘤,慢慢地吞噬着你应有的自信、大方、果断和坚决,使你在还没确立目标之前,已经想到要退缩了。

怯懦者害怕面对冲突,害怕别人不高兴,害怕丢面子;在择业时,他们常常退避三舍,缩手缩脚,优柔寡断;在用人单位面前,他们唯唯诺诺,不是语无伦次，就是面红耳赤。在公平竞争的机遇面前，由于怯懦，他们常常不能充分发挥自己的才能，以至于败下阵来，错失良机。

美国最伟大的推销员弗兰克曾经说过："如果你是懦夫，那你就是自己最大的敌人；如果你是勇士，那你就是自己最好的朋友。"对于胆怯而又犹疑不决的人来说，一切都是不可能的。总是担惊受怕的人，就是一个不自由的人，他总是会被各种各样的恐惧、忧虑包围着，看不到前面的路，更看不到前方的风景。正如法国著名的文学家蒙田所说："谁害怕受苦，谁就已经因为害怕而在受苦了。"

怯懦者总是不敢大胆地去做一些事情，逐渐形成低估自己能力，夸大自己弱点的习惯，再没有信心去处理本来能够处理好的事情。另外，由于怯懦，遇事顾虑重重，精神压力大，长此以往，可能引起焦虑、恐惧、神经衰弱等身心疾病。

其实，恐惧本身并不可怕，可怕的是我们没有勇气去面对恐惧。那么，我们究竟应该如何做才能战胜恐惧呢？

（1）留心自己的身体健康状况。如果你的恐惧一直不消，那么你就该进行一次体格检查。因为营养不良、患病或劳累，也会让你产生恐惧心理。

（2）与他人分享你的苦衷。如果你总为自己的恐惧保密，总觉得恐惧不应该拿出来分享，那么你将会更加恐惧。如果我们敢于向我们的家人，我们的好朋友，以及那些值得我们信任的人倾诉苦衷，并得到他们的同情与理解，那么我们就迈出了克服恐惧的重要一步。

（3）时常给自己宽心。如果把不好的事情看作灾难，那么我们的恐惧会更加剧烈。给自己宽心要求我们乐观对待不幸。假如你的车坏了，健康的反应是："噢，这并不是坏事，只是不便而已。"然而如果你埋怨道："如果老发生这种事情，我都无法出行了，更没心情做好工作了。"这些话会使你陷入一种不可自拔的恐惧中。

（4）打消"十全十美"的想法。如果真的想做好工作，并且努力去做了，就很可能成功。然而，要想把工作做得十全十美，那么很可能在工作开始之前便失败了，因为我们对自己的要求太过分了。

美国心理学家宋戴克曾经说过:"大勇无畏永远是成功者的显著特征,而胆小怯懦的人可能连小事也做不好。战胜自己的恐惧,会使自己的心灵更新、勇气倍增。你应该用成功的意志来刺激你的神经,当你拥有必胜的意志时,你就离成功不远了。"

一个人如果要实现自己的理想,要在社会上有所作为,就一定要有敢于创新的精神,能够勇敢地打破传统观念的束缚,走前人从来没有走过的路。

幸福寄语

每个人的生命中都会有不少潜藏的恐惧,有的产生于自己的怯弱,有的是外力在我们成长的过程中所加诸的阴影。一个人要想成就自己的梦想,要想在社会上有所成就,就应该勇敢地去面对恐惧,而不是处处躲着它。

...第4章

物质不是幸福的唯一源头

富有和开心是两个概念

我们常常以为拥有了财富就拥有了快乐，于是我们拼命去挣钱。可是等我们有了钱的时候，才发现自己并不会像想象中的那样快乐。我们无法从挣钱、花钱的过程中体会到幸福，因为快乐是不能购买的。快乐不是玩物，而是丰富的人生体验。这个世界上还有比挣钱更快乐的事情，那就是去经历、去感受我们丰富的人生。

从前，有一个农夫，辛勤耕作于田间，日出而作，日落而息，日子虽不富裕，却也有滋有味。

一天晚上，农夫做了个梦，梦见自己得到了18个金罗汉，这个梦让农夫念念不忘。无巧不成书，第二天，农夫竟然真的在田野里挖到了一个金灿灿的金罗汉，他的亲朋们都为他高兴。可农夫心事重重，整天闷闷不乐。别人问他："你已经得到了价值连城的金罗汉，还有什么不高兴的呢？"

农夫回答说："我在想，另外17个金罗汉到哪里去了？"得到了财富，却失去了生活的快乐。看来，有时真正的快乐的确是和金钱无关。

现实生活中，很多人都认为金钱第一，有了钱什么都行得通，甚至说："有钱能使鬼推磨。"人刚生下来的时候，小拳头总是攥着的，当生命结束的时候，手却是张开的，要不怎么说撒手归西呢！从降生到死亡，无非是一双手张张合合，攥紧又松开而已，没有必要被钱弄得心情沉重。如果为金钱所累，成为金钱的奴隶，这一生还会有什么幸福可言？

20世纪70年代的一天夜里，某炼金厂被人盗走8块金砖。那天所有进入过厂区的人都受到了严格的盘查，警察还对重点怀疑对象的住处进行了搜查，但是没有查到任何线索。那8块金砖好像是自己长翅膀，飞得无影无踪，不知去向。

30年过去了,有一天,一个白发苍苍的老头拿着几片金屑来到银行兑换现钞。引起了银行工作人员的怀疑,因为金屑的纯度是一般民间私藏金器所不可能达到的,只有在国家炼金厂里才有。

公安部门展开侦查,结果在老头家的地洞里找到了8块金砖。一查,正好就是30年前炼金厂失窃的那8块。30年前,老头是炼金厂年轻有为的保卫科长,可是谁也没有想到,保卫科长是贼,会监守自盗!

面对司法人员,老头说:"我一生最快活的时刻,就是我被抓起来的那个晚上。我睡了一个长达30年的囫囵觉。"他说自从那8块金砖到了自己手里,他就再没有过上一天安生的日子。他先是把金砖藏在家里,为此他日夜惊魂不定,一听有人敲门,心就扑通扑通直跳,生怕是来查金砖的。他还经常做噩梦,梦到金砖被人查到,他被人抓走。后来他把金砖埋到山里,回来后心里更不踏实——害怕被人发现,担心被野兽刨出,害怕被山洪冲走……所以他又把金砖弄回家来。外面有一点风吹草动,他就把金砖埋到山里……如此反反复复,也不知折腾了多少回。

好不容易熬到头也白了,人也老了,金砖总算平平安安保存下来了。这时又想,为它受累那么多年,不过是废物一堆。他于是又开始日夜劳神,琢磨如何将它们兑成钱。他想找黄金贩子,找来找去没有找到;想带出国外去,又不知道该走哪条路;唯一简单易行的办法就是到银行兑现,但他的内心又开始被另一对矛盾煎熬着:去银行兑吧,怕出事,不兑吧,又于心不甘……

老头的结局当然是锒铛入狱,他的晚年也要在狱中度过。是他亲手给自己戴上了枷锁,这枷锁是30年以前就戴上了的,从年纪轻轻一直戴到老死狱中。老头的这番经历正好印证了莎士比亚的那句至理名言:"黄金铸成的枷锁是最沉重的。"

凡事都应该适可而止,遇事要量力而行,不要过于沉醉其中而无法自拔,对金钱更是如此。当然,我们并不是说,"钱"都是魔鬼,其实腰包里多一些钱也不是什么坏事。不过,我们应该清醒地认识到:穷怕了的人容易对金钱顶礼膜拜,唯利是图,而一旦得到了,又容易变得狂热起来,根本无法节制。比如刚刚富起来的人,像那些暴发户,容易得意扬扬,忘乎所以,十个手指都恨不得戴上金戒指!可是幸福与金钱无关,金钱不会带来预期的幸福,反而还会断绝先前的快乐。有很多人拼死拼活,想给子女留下一笔庞大的遗产。可是当他死后,子女为争夺遗产六亲不认,机关算尽,豪门悲剧就此而来。其实,留给子女最好的财产,不是金银财宝,也不是洋房汽车,而是道德学问与技能修养。钱财乃身外之物,所谓生不带来死不带去,没必要强求,更没必要为儿孙徒作牛马。

李林在深圳一家大型私营企业工作,他的收入比很多以前的同学都高,年薪9万左右。但是他过得并不快乐。

因为他的收入跟周围的人相比,只是一般水平,收入比他高的人多了去了。他有过梦想,就是想从事IT业,成为一个IT高手。但是这个梦想很快就被他自己打破了,因为大家都不在乎什么理想梦想。在深圳,大多数人只在乎你有没有钱,你有钱就看得起你,不管你是不是不择手段。

李林活在了别人的阴影下,忘记了自己最初的梦想,忘记了自己真正想要的东西。他做着并不喜欢的工作,挣着永远也挣不完的钱,他开始思考他的未来,开始感到迷茫。

实际上,金钱至上的价值观是畸形的,以获取金钱为最大快乐的心理是非常可怕的。如果一个社会把金钱多寡当成衡量成功与否的唯一标准,那么这个社会就是畸形的,而那些在这个社会中生活的人们,肯定得不到真正的幸福与快乐。

如果金钱是我们唯一的终极目标,那我们的生活就太可悲了!难道我们一生的意义就在于拥有更多的人类自己制造的纸币吗?

幸福寄语

我们身边的很多人拼命地去挣钱,他们总是认为只有挣到了足够的钱才可以拥有人生的快乐。其实,快乐是不能够用钱来购买的,快乐绝不是玩物,快乐是要我们自己去寻找与感受的。

第4章 物质不是幸福的唯一源头

爱才是人生的主旋律

在生命中有许多人值得我们用心去爱，尽管在人生的道路上有那么多磨难与不幸，但是因为有爱伴随，我们都会好好地活着，活出生命的美丽来！

曾经看过一个故事，故事背景是第一次世界大战时期的欧洲战场。当时，德法两国交战，战况激烈，双方都死伤惨重。

清点死伤的士兵时，由于医护人员不足，只能先抢救那些尚有一丝存活希望的伤者，而对于那些伤势过重、根本不可能有生还机会的士兵就只有放弃了。

有一位法国士兵，伤势极其严重，不能说话，也无法动弹，已经奄奄一息。军医检查了一下他的伤口，摇摇头说："伤得太重了，恐怕活不到明天早上！"

说罢，就丢下他，转身巡视其他伤兵。

这个法国士兵心头一惊，内心十分焦灼惶恐，于是他拼命地呐喊："救救我，我还不想死……"可是，他伤得实在太重了，发不出任何声音来呼喊他们，只有眼睁睁地看着他们离去，心中充满悲哀和绝望。

夜，越来越深，他感到死神正一步步地向自己逼近，他害怕极了。可是他头脑依然清醒着："啊，我不想死！我还有美丽的妻子，初生的婴儿，他们都非常需要我！"

他的眼皮越来越沉，不断地往下垂。他清楚地知道，如果一睡过去，就永远也醒不过来了，永远也回不到自己的家乡，见不到自己的妻儿了。

为了保持清醒，他强迫自己回想以往那些美好的日子。

他想起了20岁第一次见到她时，她金黄色的头发在阳光下闪闪发光，一双清澈的大眼睛比夏日的晴空还要明亮。他爱上了她。他们第一次约会，第一次拥吻……可爱的她终于接受了他的求婚。他欣喜若狂，恨不能将这个好消息告诉所有人。

婚后没多久，他们就有了自己的宝宝。抱着初生的婴儿，他有着身为人父的骄傲。他默默告诉自己，一定要好好栽培儿子，让他接受最好的教育，顺顺利利地长大……

可是，此刻他却无助地躺在战场上。"天啊，我不能死，我不能让美丽的妻子年纪轻轻就做了寡妇，不能让尚在襁褓中的幼儿成了无父的孤儿！"

夜色渐渐退去，天亮了。医护人员再一次巡视战场，发现他仍一息尚存，惊讶地说："这个人伤得这么重，居然还能撑到现在，真是奇迹！"

他们把他抬回后方，经过细心地照料，这个法国士兵终于恢复健康，回到他日夜思念的故乡，回到他妻儿的怀抱。

在我们生命中最困难的时候，支持我们活下去最大的力量就是爱！

在河北省枣强县有一名普普通通的农民，她的名字叫林秀贞，她有着农村人特有的朴实与善良。30年如一日，她克服了种种困难，赡养了6位老人，把他们当成自己的亲生父母一样照顾着，用自己的热心去温暖老人们孤独的心，去温暖冷漠的世道。她对老人们的关爱像潺潺流水般滋润着每个人的心，这种关爱是用耐心与善良铸起来的。

有一位深圳义工，他的名字叫丛飞。作为歌手的他，在自己收入并不丰厚的条件下，进行了长达11年的慈善资助，前后共资助了183名贫困孩子，累计捐款捐物300多万元。在用自己的歌声给别人带去欢乐的同时，也为贫困的乡村孩子们带去了无私的关爱。他用舞台构筑了课堂，用歌声点亮了希望，用短暂的一生感动了中国，感动了你我。

巴金在他的散文《灯》中说道，一个出门求死的朋友因为陌生人的一句"人不能光靠吃米活着"而勇敢地活了下来。美国的布里居丝女士，发起了一个叫"蓝丝带"的运动。每个美国人都会拿到一条她设计的蓝丝带，上面写着"who I am makes a difference"，意思是："我可以为这个世界创造一些价值!"一位父亲将这条代表关爱自己的蓝丝带送给了自己的儿子,没想到正好挽救了自以为不优秀而意欲自杀的儿子。关爱有时候只是一句话,但这句话竟然可以奇迹般地延伸生命的长度,拓宽快乐与希望的面积。

关爱是一种没有功利性的善良之举。正如孔子所说的:"君子喻于义,小人喻于利。"高尚的人,在关爱别人的同时是不会考虑是否会使自己获利的。倘若每个人都有这种无私的想法,那么我们的世界就会充满温暖,而自己也在帮助别人的同时,收获快乐,获得自我价值的实现。

其实,在我们的生活中,很多人都得到过别人的帮助,接受过他人的恩惠,可是我们的内心是否会因此而多了一份感恩呢?当我们以感恩的心去生活时,就会在困难中看到希望,从而怀着爱与感恩面对未来。感恩之心还是一颗美好的种子,我们在接受别人的关爱和帮助的同时,也给予其他儿女以帮助,那么我们就能给他人带来希望,让他们的内心世界充满爱。

"只要人人都献出一点爱,世界将变成美好的人间。"我们每个人都要努力去爱自己,然后给予他人爱,因为爱才是人生幸福的主题。

幸福寄语

在这个世界上,人人都渴望温暖与关爱,人人都希望在黑暗中有一束灿烂的阳光照亮自己前行的道路。当我们为别人付出一点点善良与友爱时,我们便能够真正地体会到人生的快乐与幸福。

只要始终坚守梦想

人生,是一个寻梦的过程。在我们的生命中,总是充满五彩斑斓的梦想,沿着各种对未来的憧憬指向远方,给我们指明前进的道路。这些梦想就仿佛暗夜中的灯火，即便不能带来足够的明亮和温暖，但也足以带给我们无限的希望。

有时候，心中能始终存有一线希望，便很珍贵。

因为在青春这条明媚而又忧伤的道路上，总少不了雨打风吹，总绕不过各种弯路和挫折，总是难以避免失败和疼痛的侵袭。我们往往很容易在这种时刻放弃对困苦的忍耐，放弃对远方的追逐，最终放弃了仅剩的希望。

这个时候，我们就很需要对梦想的坚持，我们的内心深处需要始终保留一份这样的空间，来永久地存放我们的梦想。

无论风有多狂，雨有多大，我们都需要坚定地仰望那一片梦想的天空，相信它一如既往地湛蓝，相信风雨之后一定会出现绚丽的彩虹，来慰藉我们曾经的伤痕累累，来慰藉那些坚强的永不破灭的梦。

然而，虽然很多人都明白，风雨过后一定会有美丽的彩虹，但是他们往往容易在大雨中迷失方向，在困难的重压下开始一蹶不振，在失败面前选择了止步不前。这样下去，他们就永远丧失了欣赏美丽彩虹的机会，也就等于选择了与成功的一次次失之交臂。这样的结局，无疑令人痛惜。究其原因，不在于他们缺乏战胜困难的能力，而是在于他们缺少一种持久的坚持。这种坚持是对梦想的坚持，也是对自己的坚持。梦想在遥远的地方，它始终指引着你前进的道路，自信存在于内心，始终激励着你，只要你一直坚持，就一定能在这个世界上看到美丽的彩虹。

成功，往往在于坚持多一点点。也许是一年，也许只是一秒，你的生命便能够得到升华，你的命运便能产生质变。

如果说梦想是一片纯净湛蓝的天空，那么坚持便是指向这片天空的利箭。要想抵达梦想，就需要利箭不懈向前。逼近一点点，再逼近一点点。只要你坚持到底，你最终看到的，不仅是彩虹的美丽，更是一种生命的奇迹。

有一个叫布兰奇的英国教师，在整理阁楼上的旧物时，发现了一沓作文本。作文本上是一个幼儿园的31位孩子在50年前写的作文，题目叫《未来我是……》。

第4章 物质不是幸福的唯一源头

布兰奇随手翻了几本，很快便被孩子们千奇百怪的自我设计迷住了。比如，有个叫彼得的小家伙说自己是未来的海军大臣，因为有一次他在海里游泳，喝了三升海水而没被淹死；还有一个说，自己将来必定是法国总统，因为他能背出25个法国城市的名字；最让人称奇的是一个叫戴维的盲童，他认为，将来他肯定是英国内阁大臣，因为英国至今还没有一个盲人进入内阁。总之，31个孩子都在作文中描绘了自己的未来。

布兰奇读着这些作文，突然有一种冲动：为什么不把这些作文本重新发到他们手中，让他们看看现在的自己是否实现了50年前的梦想。

当地一家报纸得知这个消息后，为他刊登了一则启事。没几天，书信便向布兰奇飞来。其中有商人、学者及政府官员，更多的是没有身份的人……他们都很想知道自己儿时的梦想，并希望得到那作文本。布兰奇按地址一一给寄了去。

一年后，布兰奇手里只剩下戴维的作文本没人索要。他想，这人也许死了，毕竟50年了，50年间是什么事都可能发生的。

就在布兰奇准备把这本子送给一家私人收藏馆时，他收到了英国内阁教育大臣布伦克特的一封信。信中说："那个叫戴维的人就是我，感谢您还为我保存着儿时的梦想。不过我已不需要那本子了，因为从那时起，那个梦想就一直在我脑子里，从未放弃过。50年过去了，我已经实现了那个梦想。今天，我想通过这封信告诉其他30位同学：只要不让年轻时美丽的梦想随岁月飘逝，成功总有一天会出现在你眼前。"

布伦克特的这封信后来被发表在《太阳报》上。他作为英国第一位盲人大臣，用自己的行动证明了一个真理。假如谁能把3岁时想当总统的愿望执着地努力奋斗50年，那么他现在一定已经是总统了。

有一个小男孩，考试得了第一名，老师奖给他一本世界地图。他好高兴，跑回家就开始看这本世界地图。轮到他为家人烧洗澡水，他就一边烧水，一边在灶边看地图。看到一张埃及地图，想到埃及很好，埃及有金字塔，有埃及艳后，有尼罗河，有法老王，有很多神秘的东西，心想长大以后如果有机会一定要去埃及。

他看得正入神的时候，突然有一大人从浴室里冲出来，胖胖的，围着一条浴巾，用很大的声音跟他说："你在干什么？"他抬头一看，原来是爸爸。他说："我在看地图！"他爸爸很生气，说："火都熄了，看什么地图！"他说："我在看埃及的地图。"倔强的父亲跑过来"啪啪"给了他两个耳光，然后说："赶快去生火！看什么埃及地图？"打完后，踢了他屁股一脚，把他踢到火炉旁边去，用很严肃的表情跟他讲："我给你保证！你这辈子不可能到那么遥远的地方去！赶快生火。"

他当时看着爸爸，呆住了，心里想道："我爸爸怎么给我这么奇怪的保证，真的吗？这一生我真的不可能去埃及吗？"20年后，他第一次出国就去埃及，他的朋友都问他："到埃及干什么？"那时候还没开放观光，出国很难的。他说："因为我的生命不要被保证，我一定要到埃及旅行。"

他在金字塔前面的台阶上，买了张明信片写信给爸爸。他非常感触地写道："亲爱的爸爸，我现在在埃及的金字塔前面给你写信。记得小时候，你打我两个耳光，踢我一脚，保证我不能到这么远的地方来，现在我就坐在这里给你写信。"他爸爸收到明信片时跟他妈妈说："哦，这是哪一次打的，怎么那么有效？一巴掌打到埃及了。"

在这个世界上，每个人都会拥有属于自己的梦想。很多人往往在面对困境的时候放弃了理想，但是有的人却能够始终坚持自己的梦想，并且为之付出不懈的努力。所以，成功者往往属于那些能够始终坚持梦想的人们。

幸福寄语

在我们的生命中，总是充满五彩斑斓的梦想，沿着各种对未来的憧憬指向远方，给我们指明前进的道路。我们每个人都拥有属于自己的梦想。很多人往往在面对挫折与不幸时放弃了理想，但是一个真正有抱负的人却能够始终坚持自己的梦想，并且为之付出不懈的努力。

智慧比外貌更能赢得幸福

上帝赐予了女人众多的角色：伟大的母亲，贤惠的妻子，孝顺的女儿……有人又说，女人是水，女人是花，女人是月亮，女人是大地……由此看来，能够做一个女人值得骄傲，如果能够做一个美丽与智慧的女人更是女性至善至美的最高境界。

何谓美丽与智慧？学习中孜孜不倦，刻苦认真，这是美丽与智慧；工作中，面对各种繁杂的事务有条不紊，沉着应对，这是美丽与智慧；生活中，用锅碗瓢盆，油盐酱醋演绎出一首和谐的交响曲，这也是美丽与智慧。

美丽与智慧不是一个遥不可及的梦，它体现在我们生活的每一个细节中。美丽与智慧可能是坐在咖啡屋中，听着轻松的音乐，品味着的咖啡的苦味；美丽与智慧可能是伸手给陌生的问路人一个轻轻的指点；美丽与智慧可能是坐在车窗前，对着窗外的风景不经意的一瞥；美丽与智慧可能是……

美丽的艾薇塔与庇隆相遇相恋后，引起了阿根廷上流社会的一番震荡，因为他们不能接受一个"出身贫贱、不择手段的放荡女人"。但艾薇塔丝毫不在乎别人的眼光，她热心地陪伴庇隆出席各种场合，与穷人握手交谈，用得体的举止和温婉的笑容征服了老百姓的心。她将鼓舞人心的天赋发挥到了淋漓尽致的地步。她不把中产阶级放在眼里，而是将社会底层人民当作"重点培养对象"，使庇隆的人气直线上升。她协助庇隆将"平等主义"的思想变成信条，于是产生了"庇隆主义"，在阿根廷政坛刮起了"庇隆风暴"。

她认真地对庇隆说："相信我，我是最适合你的女人，我的好会令你吃惊。"时局混乱的阿根廷不断发生暴乱和革命，庇隆遭到国内反对派的陷害，被关进监狱。身心疲惫的庇隆产生了放弃的念头，但艾薇塔坚定地握住他的手鼓励道："要冷静，要坚持下去，你不能逃避，我相信你会成为这个国家的总统，成为挽救黎民百姓的人！"为了营救庇隆，艾薇塔使出浑身解数，到全国各地宣传演讲，为庇隆争取民众支持。她将自己黑暗的过去当作拉拢人心的工具，其中最著名的一段演讲是："你们的苦楚，我尝试过；你们的贫困，我经历过。庇隆救过我，也会救你们；庇隆会支持穷人，爱护穷人，如果不是这样，他怎么会对我宠爱有加？"

艾薇塔的演讲感动了阿根廷平民，在她的鼓舞下，全国各地爆发了游行示威，要求当局释放庇隆。在民众的支持下，庇隆重获自由。面对成千上万的欢迎人群，庇隆紧紧地拥住了艾薇塔，发自内心地高呼："感谢艾薇塔！感谢人民！"在那一刻，庇隆深深感受到了这个瘦弱女人身上的无穷智慧和力量。他意识到，艾薇塔就是自己政治生涯的救星，他的生命中不能没有这个女人。他深信不疑艾薇塔当初的那句话："相信我，我是最适合你的女人，我的好会令你吃惊。"很快，他便向艾薇塔求婚。1945年，两人结婚；1946年，在艾薇塔的帮助下，庇隆当选为总统，艾薇塔顺理成章地成为受民众爱戴的第一夫人。

美貌和智慧是女人的矛和盾。矛和盾握在手中，进可攻，退可守，可谓进退自如。没有美貌只有智慧尚可支撑，但如果只有美貌没有智慧，则只能得一时风光。花瓶再好看，也只是个摆设，而摆设总有被当作垃圾抛弃的那一天，是很难在男人心里长期占领一席之地的。美貌是女人搭上男人这条船的通行证，而智慧则是驾驭这条船的方向盘。倘若既有美貌又有智慧，这个女人就真的非常了不起了，可以说，女人的武器没有什么能比美貌和智慧的结合更锐利的了。

女人的美貌基本上可以说是上帝给的，但一个女人能否拥有智慧，却可以依靠后天的修炼。人们常说，只有懒女人没有丑女人。所以，一个女人只要懂得穿着打扮，即便姿色平凡也会平添几分美丽。比外在的装扮更重要的是智慧的修炼。虽然获取并不容易，但只要有成为智慧女人的决心，总可以在后天的学习中慢慢培养起来。比如多读书，腹有诗书气自华；比如多和优秀的人交往，学会理性地思考；比如多借鉴其他因为智慧而成功的女人的经验。不要怕过程的艰难，一旦修成正果，在与男人的交往中，你将永远处于有利的地位。

娜娜就是这样的女人。初次见面，不会觉得她漂亮，也不会觉得她特别。可是接触得越多，越发现她的厉害之处。娜娜不到30岁，有一个优秀得让人骄傲的老公，她自己也是电视台里一档优秀新闻节目的制片人，获奖无数。做好这样一档新闻节目，每天都要应对、处理很多棘手的问题。在我们看来，这些问题足以让一个女人忙得焦头烂额，晕头转向，可是娜娜却处理得极好，幽雅从容。

她和老公各有各的事业，却又彼此支持，相互帮助。娜娜能够走到今天，拥有这么好的家庭和事业，和她的聪慧是分不开的。一个漂亮的女人不见得拥有这样的美满生活，但是一个聪明的女人却可以做到，这就是智慧的力量。

我们经常会问这样一个问题：这个世界到底公不公平？

很不幸，答案是否定的。这个社会有很多事情都是不公平的，比如有的人含着金汤匙出生，从小到大衣食无忧，要雨得雨，要风得风，丝毫不用为生活发愁；有的人出身贫寒，在残酷的现实生活中饱受折磨，为自己的生存奋力打拼。现实的不公平，在于有很多事情我们无法改变，这就是命运，生物学上叫作"基因遗传"。既然现实无法改变，我们能做的就只有接受，只有通过改变自己来适应这个社会。

我们的出身、容貌、背景、智力，是我们无力改变的，但是仍然有很多东西是我们自己能够决定的。我们可以努力学习，争取接受更好的教育，培养自己的情商，找到一份好工作并为之努力奋斗。

有不少姿色中等的女人，常常抱怨父母为什么没把自己生成一个美人儿，常常假想自己再漂亮一点生活会是什么样子。这绝不是一个明智的想法，即使一个漂亮的女人也并不一定能得到完美的爱情和成功的事业。很多事实证明，美好的爱情和成功的事业，是需要自己用心和智慧去经营的，并不是单纯拥有了美貌就能获得爱情与事业。

幸福寄语

　　美丽，是每个女人都想拥有的东西，但却可遇而不可求。智慧比美丽更实在，因为它不像美丽那样高高在上，只要你努力，你就可以成为智慧女人。一个女人拥有了智慧就可以从容大度地为人处世，一个女人拥有了智慧就可以有条不紊地工作，一个女人拥有了智慧就可以更加精彩地过好生命里的每一天。

第5章

幸福喜欢藏匿在生活的细节之中

放慢生活的脚步

太快的脚步很容易让我们疲累，甚至感觉不到生活的美好。幸福和美好总是需要用心去挖掘、去体会的。所以，我们应该放慢自己的脚步，这样才能够成为一个幸福的人。

一直以来，我们都在匆忙地生活着。我们忙着工作，忙着加班，忙着在年轻的时候挣钱买房买车；我们忙着应酬，忙着会见朋友，忙着消耗自己的健康来获取别人的尊重……更可怕的是，我们甚至忙得忘记了自己。总之，我们的生活变得忙碌了，变得匆忙了。于是，有一些聪明人便把"慢生活"提到了日程。所谓的"慢生活"就是要适当地放慢生活的脚步，让自己能够静下心来从容而快乐地活着。

人生就像是爬山，如果我们只顾着爬到山顶，那么一路上的好山好水好风光就很容易被忽略，也就难以享受到爬山的快乐。在这攀登的过程当中，如果我们学会享受途中映入眼帘的一处处靓丽风景，捕捉每一幅让人快乐的画面，我们的心情就会舒畅起来。倘若我们只是单纯地要爬到山顶，即使最后登上了山顶，那一路的跋涉也早已使人疲惫，哪里还有好心情去欣赏景色，也许还会怅然若失："唉！不过如此。"

生命对于每个人来说都只有一次，而这仅有的一次也不过几十年的时光。我们的生命色彩是不一样的，有的黯淡，有的明艳。生活中，我们只要花一点点时间去营造气氛，制造浪漫，追寻诗意，尽可能放慢自己的脚步，好好欣赏生命里美好的风景，让我们的生命变得明艳起来。

每个人都可以活得诗意一点，用诗意来软化生活的粗粝，让生活有点情趣，有点韵味，有点想象，有点变化，有点追求。我们每个人都应该给自己一些快乐的理由，发现和领悟生命的美丽；在特别的日子给心爱的人送一份祝福，一起分享生活的浪漫；在事业和爱好相冲突时，给爱好留个位置，给自己留点空间；在人人狂奔的拥挤街道上歇下脚，仔细地欣赏落日的风景……

人生的乐趣是做自己想做的事，并从中获得收益。在这重奢华讲利益的现代社会里，人们常常容易迷失自己。如果我们能以一颗平常心对待生活，放慢生活的脚步，感受生活中的点滴快乐，把自己从日常琐碎的生活中抽离出来，生活就会充满鲜活而生动的色彩……

从前，有一个年轻人乘火车去美国。火车行驶在一片荒无人烟的山野之中，大家都百无聊赖地望着窗外。前面有个拐弯处，当火车减速时，一座简陋的平房缓缓地进入他的视野。几乎所有乘客都睁大眼睛"欣赏"起寂寞旅途中这道特别的风景来。乘客们开始议论起这座房子，年轻人的心也为之一动。归程时，他中途下了车，不辞辛苦地找到了那座房子。房子主人告诉那个年轻人，他正想以低价卖掉房屋，火车的噪声使自己不能继续忍受下去了，但一直无人问津。不久，年轻人用3万元买下了那间平房。很快，他开始和一些大公司联系，希望有公司来这里做广告，他认为此处可以立广告牌，因为火车经过这里的时候速度会慢下来，同时旅客会被这独特风景所吸引。后来，可口可乐公司看中了这个广告媒体，在三年租期内，支付给年轻人18万元租金。

财富之门就这样被轻易地打开了。生活中的每一个人都瞪着眼睛寻找财富，仿佛财富在很遥远的地方，而这个"遥远"，对于有野心的仁人志士来说，总觉得自己再往前奔一奔就够着了。所以，为了及早达到财富之城，必须加快速度，抬头挺胸往前跑。但是，我们很少能够低下头来瞧一瞧脚下，或许财富就在脚下，只是没有人愿意弯下腰去捡。

这是一个追求"快"的时代，在追求快节奏的同时，"慢生活"被人们提到日程上来了。"慢生活"是一种积极的生活方式，是一种健康的心理态势，是一种富得充实，穷得快乐的人生智慧。

只要你愿意，时间总是能挤出来的。工作再忙但心不忙，要学会控制情绪，放松心灵。隔几天约朋友去爬山、钓鱼、放风筝、自驾出游，这些不失为放慢心灵的好办法。

放慢你的脚步，并不意味着放弃。早上的时候早起20分钟，你就不必像往常一样急急忙忙来不及化妆就上班，可以整理好自己的衣着，也整理好一份平静的心情，让自己整天处于愉悦的状态。放慢你的脚步，并不是件困难的事，别让自己的心弦整天处于紧绷状态。

我们不能控制天气，不能控制种种意外，我们唯一能够做到的便是给自己一份平静的心情，让自己在忙碌中放慢自己的脚步，让自己能够多一份宽容，多一份爱心，多一份宁静的幽雅。

幸福寄语

在快速发展的现代社会，我们每个人都尝试着跟上时代的步伐，进入一种"快节奏"的生活状态中。其实，我们在追求"快"的同时，更应该放慢自己的脚步，欣赏一下路边的风景，感受世界的美好，领略生活的真正意义。放慢自己的脚步，我们才能够活得轻松自在。

淡定心安中寻找幸福

"淡定"是什么？泰山崩于前而色不改，遇事沉稳又积极果断，胜不骄，败不馁，这就是淡定。淡定，是一种思想境界，是一种心态，是从容对待生活的态度。我们每个人都需要这种心态，在生活中才会处之泰然，宠辱不惊，不会因为太过兴奋而忘乎所以，也不会因为太过悲伤而痛不欲生。

当一个人经历了很多磨难，不管是喜是悲，都无法在他心中掀起一丝波澜，可以说他已经达到了宠辱不惊的境界，也可以说他已经看破红尘、心如止水了。

第5章 幸福喜欢藏匿在生活的细节之中

有这样一个故事：

有一个叫华晓丰的人，他在某单位上班的时候，单位给他配了一辆车和一个司机。因为跟司机经常打交道，也算是一个朋友。后来他落魄了，但还是习惯坐那辆车，结果司机把他拉到政府门口，对他说："你已经不是领导了，下车吧。"就把他赶下了车。华晓丰只好坐四毛钱的大巴回家。后来他炒股挣了钱，司机便来向他套取股票信息。一般人心里肯定接受不了这个司机的反复无常，但华晓丰冷静了下来，甚至还帮他买了股票。在他看来，当一名司机也不容易，要巴结两百多个领导，你失势了还巴结你？不就一个司机嘛，不用做到这个分上。所以说领导一走，茶就凉了；新领导来了，再抓紧沏新茶。如果旧领导再回到这儿，他再临时沏一杯茶，他不可能也不会把茶一直热着。

人走茶凉，换人换茶，这是人生经常要面对的问题。很多人想不开，看不透，痛恨这些人情世故。可是，人生的因缘际会确实如此，一路相逢，一路告别。身边的圈子就这么大，人的精力就这么多，除了保持着平淡如水的一二知己，其余那些路过的人和事，过去了就过去了。纵使面对人走茶凉，你也要宽容，这样彼此在社会上才能找到各自的生存之道。生活为什么无奈？只是我们执拗着不肯按照生活的本来面目生活而已。

在中国近代史上，弘一法师李叔同是位传奇人物。他是"二十文章惊海内"的大师，集诗词、书画、篆刻、音乐、戏剧、文学于一身，在多个领域开中华灿烂文化艺术之先河。后来，他虔心向佛，精研律学，又被佛门弟子奉为律宗弟子一代世祖，成为中国绚丽至极又归于平淡的典型人物。

1925年秋天，因为战事，李叔同滞留在宁波七塔寺。在此期间，受好友夏丏尊的盛情邀请，他去夏家小住了一段时间。他生活十分朴素，每次用膳时，仅仅是一小碗米饭，外加一碟白菜或豆腐之类的菜品，以及一杯白开水。一天中午，厨师烧饭时把盐放多了，菜咸得厉害，大家都难以下咽。李叔同却吃得津津有味，悠然自得，仿佛正在品尝一盘山珍海味。

夏丏尊看不下去了，作为故交，他熟知李叔同在出家前也曾是个风流倜傥的青年，过着锦衣玉食的生活。于是关切地问道："一碟腌菜叶，您不觉得太咸了吗？一杯白开水，您不觉得太淡了吗？"

李叔同淡然一笑说："咸，有咸的滋味；淡，有淡的妙处。在我看来，好坏都是福。"其高超的修行境界，使在座的人顿有醒悟。

在浩瀚的大西洋上，一艘开往英国的游轮不幸遭到了强烈风暴袭击，船体剧烈地晃动起来，形势非常危险。船上的旅客们恐慌地在船上乱跑。慌乱中，大家非常惊奇地发现，一位白发苍苍的老妇人却平静地坐在那里一动不动，神情安详自若，仿佛没有意识到死亡的逼近。

终于，风平浪静了，船体又恢复了正常，这时有人走上前问道："夫人，刚才你不觉得我们很倒霉、很危险吗？"

"没有啊！"老妇人非常温和地笑道，"你知道吗？我有两个心爱的女儿，大女儿已经去世了，小女儿在英国留学，我非常想念她们。刚才，我告诉自己，如果船出事了，我就去天堂陪我的大女儿；如果船平安无事，我就会继续去伦敦看望我的小女儿，无论结果如何，对我而言，都是一种幸福啊！"

在李叔同和那位老妇人的内心里，世界永远都是美好的。咸也罢，淡也罢，生也罢，死也罢，它们都是人生的一种状态而已，只要能始终保持着心中的那份乐观和淡定，就能一直拥有明媚的心情和完美的人生。这种乐观和淡定乃是人生的尊严和智慧，由其产生的幸福给人一种由内而外的、常人无法体会的高贵感。

这种尊严和智慧虽然深奥，但并不神秘。细想起来，人们日常生活的滋味，原本就是酸甜苦辣的结合——甜中有苦，苦中有甜，甘苦共存。人生的道路，也总是高低不平，崎岖坎坷，跨过沟壑，才有平坦，经历过风雨，才会见彩虹。

在遇到突如其来的挫折和失意时，如果你能够怀着从容乐观的心态去面对，那么就一定能够在阴霾中寻找到阳光，在黑暗中探寻到光明。这样，即使是平淡无奇的生活，也能从苦辣之中咀嚼出甘甜的味道；即使是遍布荆棘的道路，也能走出属于自己的人生。

无数事实告诉我们一个普通的道理：亲人的关爱，朋友的情谊，宽容的胸怀，独立的人格，健康的体魄，都会给我们带来幸福的感觉。那些靠物质支撑的幸福，不会太过持久，只有心灵的淡定宁静，继而产生的身心愉悦，才是幸福的真正源泉。

幸福寄语

一个人拥有了淡定的心态，才能够在生活中处之泰然，宠辱不惊，才不会因为太过兴奋而忘乎所以，也不会因为太过悲伤而痛不欲生。一个人拥有了淡定的心态，才会离幸福越来越近，才会离成功与梦想越来越近。

让自己拥有一颗永远长不大的童心

给自己一颗永远长不大的童心，是生命的幸运与豁达，不是所有人都能拥有这份情怀。让自己拥有一颗童心，涵盖了很多因素，包括遗传基因，个性爱好，生命的感悟，环境的改变，世间的经历，憧憬的生活。

我们都拥有过童年，都拥有过少年，只是岁月流逝，让生命沉淀了成熟。我相信，在骨子里，每一个人都还留存着那份久远的童年情趣，这就是生命的乐天对现实生活的宽容与接纳！生理年龄的累加并不代表心理年龄的成熟沉稳，这会因人而异！总有一天，曾经的花开季节，也会迎来成熟和丰收，也会渐渐地瓜熟蒂落，我们唯一能保留的，只有一颗永不放弃的童真之心！

很久以前，有一个加拿大富翁，为了让儿子体会到生活的艰苦，决定带着他回自己的故乡——一个偏远的山村，体验生活。

一大早，富翁就带着儿子出发了。到达山村后，富翁发现，自家的老房子早已破朽不堪，无法居住了。于是，富翁就特意找了村子里最穷的人家，在那里借住了3天。

每天，富翁的儿子和穷人的儿子一起跑进跑出，山上河边，到处都洒遍了他们快乐的笑声。

回到家以后，富翁对儿子说："怎么样，这次旅行还愉快吗？"儿子兴奋地回答说："很好，爸爸。"

富翁满心以为，儿子一定明白了自己的良苦用心，就让儿子谈谈自己的想法。

儿子却开心地说："爸爸，他们家要比咱们家富有多了。你看，咱家只有一只小狗，而他们家有一只大狗两只小狗；咱家仅有一个小游泳池，可他们家却有一片那么大的池塘；咱们家的花园里只有一小片花草，可他们房子后面却有漫山遍野的鲜花；咱们家院子里只有一座假山，而他们家屋后却有那么一座神奇的大山！"听完儿子的感想后，富翁再也无话可说了。

儿子摇着父亲的手又说道："爸爸，我现在才知道原来咱们家是那么地贫穷。"

富翁听完儿子天真浪漫的一段话后，想起自己小时候的快乐生活。那时候，一个苹果、一支铅笔就可以让自己兴奋上大半天，但是现在呢？现在什么都有了：美满的家庭、成功的事业、巨额的财富，但自己甚至已经不知道什么是幸福了。他感觉儿子说得的确有道理，幸福原来就是拥有一颗永远都长不大的心！

一个人无论到了什么年纪，能拥有一颗永远都长不大的童心是最幸福的。人生最幸福的时光，其实就是童年和老年。童年无忧无虑，天真浪漫；老年安享晚年，与世无争，看淡了名利。由童年到老年，是一个童真之心的回归过程。如果从一开始就懂得保留童心，不用等到老了才意识到，那我们是不是可以快乐更长一段时间？

给自己一颗永远都长不大的童心，是一件非常美好的事情，就像钻石，在繁华浮躁的生活里发出动人的光泽。也许世事的沧桑，人心的变幻，生活的无奈，会使很多人戴上世故虚假的面具。但一颗永远都长不大的童心，依然不事雕饰，一袭淡妆，一如清水中的芙蓉亭亭玉立。拥有一颗永远都长不大的童心，拥有一份纯净美好的生活，这样的人，不管是大人还是小孩都是幸福的，并且幸福得近乎神圣，让人心生敬畏和感动。透过一颗童心看世界，这个世界会简单和美丽很多，不会有猜疑和欺骗。我们习惯了戴着有色眼镜看世界，习惯了世俗，看不出世界的画意和人生的诗意了。

孩子的心总是色彩斑斓的，充满阳光，充满希望，充满生机，幸福对于他们来说总是简单的。虽然我们不能永远处于儿童时代，但可以永远拥有一颗长不大的童心。保持童心就是保持对生活的热情与乐观。

回首童年往事，有笑有哭，简单的快乐，单纯的伤心，都是童年最宝贵的记忆。请将它们一一收好，因为它们都将是陪伴你终生的无价之宝，是它们见证了你美好的童年。不要为童年时幼稚无知的话语而发笑，也不要为孩提时异想天开的想法而羞涩，我们现在已经找不到理由像小时候那样哭那样笑了。虽然我们已经离开了美好天真的童年，但那和童年一样珍贵而纯洁的童心，却依然不停歇地跳动着。

生命是宇宙长河中短暂的一瞬，如果能以无限的智慧与童心去感悟有限的生命，那将是对生命最高的奖赏。拥有童心，就不会因为岁月的苍老而遗失自我，更不会因为生理年龄的衰老而丧失对生命的渴望和希冀！

幸福寄语

拥有一颗永远都长不大的童心，是生命里最幸福的事情。生命是短暂的，我们要珍惜短暂的生命，无论处于什么样的年龄阶段，都应该用一颗长不大的心去看待这个世界。只有如此，当生命的苦难与不幸来临时，我们才能够坦然而从容地去应对；只有如此，我们才会越活越年轻。

找个可以让自己安心的好友

每个人都渴望拥有友情。在生命中最阴暗的时刻,我们每个人都希望有一双温暖的手帮助自己走过人生的坎坷,都希望自己身边有一个可以让自己感到安心的知己好友。

小李进入某公司做销售员。经过半个月的培训后,被分配到王经理所负责的区域做销售员。小李给人的第一印象是自信能干、谦虚有礼。开始时,王经理让小李跟着他,给他讲了许多做人的道理和一些相关的销售技巧。后来,王经理将他安排在一个刚开发不久的新客户——刘老板那里,专门帮助刘老板开拓市场。开始刘老板从不与小李商量和沟通生意上的事情,更不用说带他一起跑市场,在刘老板看来他只是一个"中看不中用"的书生。但小李下决心一定要取得刘老板的信任,于是他每天早出晚归,走访一家又一家的零售店,向他们推介公司的产品,一家不成功再到另一家。功夫不负有心人,有越来越多的零售店要求送货。刘老板终于被小李的吃苦精神和市场开拓能力征服了。从那以后,刘老板亲自带着小李一起跑市场。慢慢地,刘老板的生意越做越大,成为了公司最大的客户之一,小李也成了刘老板业务上不可或缺的人才。

在职场上,每个人都希望拥有"朋友"在身边,而小李就是很多老板都渴望得到的得力助手。一个企业的领导者不仅仅需要能够服从命令的下属,其实他们更需要能够与自己同命运共患难的朋友。

春秋时期,管仲和鲍叔牙两个人经常在一起,他们走南闯北,合伙做过生意;出生入死,一起打过仗。后来一同在齐桓公手下为官。他俩长期合作,交情深厚,结为知心朋友。

他们一同做生意,到最后结算利润,两个人分钱的时候,管仲总是多取一倍，鲍叔牙却从来都不认为他是贪财之辈。有人替鲍叔牙打抱不平，他总是说："管仲并不是贪财的人，他家中还有老人需要赡养，他还要救济那些贫穷的族人，而我现在的家庭状况要比他强很多，也不急着用钱。"

有一次，鲍叔牙遇到了一点麻烦，正在束手无策的时候，管仲帮助他，替他出主意解决问题。可是结果把事情弄得一团糟，管仲惭愧地说："我真是没有用，把你害苦了！"

旁观者对鲍叔牙说："管仲真是成事不足，败事有余！这样的蠢人你还要和他交往下去吗？"

鲍叔牙笑着说道："虽然事情没有办好，但是他也是为我着想啊！再说这件事情确实很棘手，客观条件如此，换了任何人也难以处理，恐怕比他办得还不如。"

管仲在为官时，曾经有三次机会做官，可是每一次都被罢免。鲍叔牙每一次都为他出力，帮他说话，才又得到提升。正在此时，有人幸灾乐祸于管仲的遭遇，在鲍叔牙面前冷嘲热讽，评价说："你的那位朋友真是没出息，好不容易做个官，总是得不到信任，每次都被免掉，真是丢人！"

鲍叔牙却为管仲辩护，他说："管仲是天下奇才，有经天纬地之才，当今之世没有几个能比得上他！他现在仕途不济，只是没有遇到好机缘罢了！"

他们出征打仗的时候，管仲每一次出击都惨遭失败。后来，到了行军打仗的时候，每次列方队，管仲就退居到队伍的后面，不敢在前面冲锋陷阵。等战争结束，凯旋归来时，他就抢在别人的前面。同行的人都讥笑他胆小，鲍叔牙赶紧解释："管仲是有名的孝子，他家中的老母亲还要他养老送终，他当然要保全性命奉养老人，他这种美德，你们几人能比得上呢？"

公子小白与管仲有"一箭之仇"，小白杀了自己的哥哥公子纠后，当上了国君。鲍叔牙竭力推荐他当齐国的相国，自己却心甘情愿做管仲的副手。他对小白说："管仲有济世匡时之略，一定能够帮助您建立霸主地位。我恳请您不计前嫌，能够重用他！"

管仲听说后，深有感触地说："生我者父母，知我者鲍叔牙也。如果没有他，也许我早就成了贪财奴、怕死鬼和笨蛋，说不定现在已经被定罪，成为刀下鬼了。"

管鲍之交的事例流传千古，历来被人称为朋友之间患难与共的典型，管仲和鲍叔牙也因此而名扬天下，被人称赞不已。由此可见，知心朋友很重要，要结交那些使你发出更大亮光、发挥更大潜力的人。

幸福寄语

朋友，是自己前进路上的一盏灯。在这个充满竞争的社会上，我们每个人都会遇到这样那样的挫折，这个时候我们总渴望有一个可以依靠可以让自己放心的朋友。相互理解、相互支持的朋友，显得温暖与可爱。

...第6章

好心态是开启幸福的金钥匙

勇气让你能抵御一切

富兰克林曾说:"有耐心的人无往而不胜。"

耐心需要特别的勇气。我们要为理想和目标奋力拼搏,而且要不屈不挠,坚持到底。就像白朗宁所说:"有勇气改变你能够改变的,愿意接受你无法改变的,并且明智地判断你是否有能力改变。"因此,追求人生目标的决心越坚定,你就越有耐心克服阻碍。耐心,是动态而非静态,是主动而非被动,是一种主导命运的积极力量,而不是向环境屈服。这种力量在我们的内心源源不尽,但必须严密地控制及引导,以一种几乎是不可思议的执着,投入既定的目标。

有了坚定的人生方向,可以提高你对于挫折的忍受力。用足够的耐心向着目标逐渐接近,遇到的困难只是暂时的耽搁。倘若你能够积极地面对困难,问题就会迎刃而解。

耐心等待,等待机会,你就能在意想不到中获得成功。

机会是一种稍纵即逝的东西,而且机会的产生也并非易事,不可能每个人在任何时候都有机会可抓。在机会还没有来临时,最好的办法就是:等待,等待,再等待。在等待中为机会的到来做好准备。一旦机会在你面前出现,千万别犹豫,抓住它,你就是成功者。

耐心等待机会绝不是弱者的行为,也绝不是什么也不做。在美国,许多企业家都深深地懂得它的重要性,他们都极富耐心。他们知道,等待会使他们取得意想不到的成功。

洛克菲勒就是这样一个有耐心的成功者,他以美国人特有的耐心等待着机会的出现,机会一来,便迅速地抓住它,从而获得意想不到的成功。

耐心是一种优秀品质。耐心使人成功。

美国南北战争结束后，有记者去采访总统林肯。

记者说："很多人都知道，你的前任和前任的前任都曾想过废除农奴制，你所颁布的《解放农奴宣言》也是以他们那个时候定下的内容为蓝本，可是他们都没有取得成功。请问总统阁下，你与他们相比，你获得成功的原因是什么？"

林肯风趣地答道："我获得成功的根本原因就是我拿起了签字笔在宣言上签了字。他们要是知道拿起笔几乎不需要多大勇气后，一定会非常后悔。这可是名垂青史的大事情。"

记者当时听了林肯的话，感到不解。难道真的仅仅是因为有勇气拿起笔签名才成功的吗？若干年后他了解了有关林肯的一件事情后，才彻底理解了林肯的话。

林肯幼年跟随父母生活在一个农场里。农场里有很多石头，这使得林肯的父亲用较低的价格将这个农场买了下来。这些石头影响了农场的生产，母亲建议父亲将这些石头移除。而父亲的话让林肯印象深刻："它们不是小石头，而是一个个小山头，根基相连，是不可能搬动的。"在父亲的阻止下，母亲不再言语。搬石头一事就搁下不提。

不久的一天，父亲进城买东西。母亲自作主张地召集工人来清除这些石头。令人想不到的是，这些石头并没有根基相连，而只需沿着石头下挖一尺就能将石头搬走。没用几天，农场里的石头就被清除干净。母亲对林肯说："'不可能'是想出来的，'可能'是做出来的。"

在做任何事情之前，每个人都会去判断，可行与不可行，成功或失败都会被估计。可以肯定的是，任何估计都还仅仅是一种估计，只有做过之后才知道是否能成功，而不去做是永远都无法成功的。

尝试去做，需要勇气。每个人在踏上征程之前，都会作出衡量。影响他们作出选择的因素有很多，客观因素存在于外部，而是否有勇气则存在于内心。每个人都可以是有勇气的人，用勇气去面对机会，才能获得成功；没有勇气，就会错失成功的机会。

那些取得卓越业绩的人，如果失去尝试的勇气，因为恐惧"不可能"

而退却，那么他们将一事无成，平凡如芸芸众生。但他们与凡人的最大不同就在于他们有勇气去尝试。

失败不可怕，胆怯最可耻。不敢去尝试，就无法得知人生的真谛，就无法使自己获得成长。勇敢地作出尝试的决定，即使是失败，你也能从中获得经验，为下一次成功做好准备。何况你我本来都是以清净之身来到这个世界，即便是百年之后也无法带走一丝一毫。我们唯一的使命就是让自己短短几十年的有限生命不被虚度。空即是色，色即是空。既然我们不为物质所累，你说，还有什么理想不敢去追求？

一天，某公司总经理向全体员工宣布了一条纪律："谁也不要走进8楼那个没挂门牌的房间。"但是，他没有对此作任何解释。此后，真的没有人违反他的这条"禁令"。

三个月后，公司又招聘了一批员工。在全体员工大会上，总经理再次将上述"禁令"予以重申。这时，只听一个新来的年轻人在下面嘀咕了一句："为什么？"总经理听到后并没有因这位新人的不礼貌而恼怒，只是满脸严肃地答道："不为什么！"

回到岗位上，那个年轻人百思不得其解，还在思考着总经理为什么要这样做。其他工友则劝他只管干好自己的那份差事，别的就不用瞎操心。因为"听总经理的，总是没错"。可那个年轻人偏偏来了犟脾气，非要把事情弄个水落石出不可。于是他决定冒公司之大不韪，走进那个房间探个究竟。

这天，他爬上8楼，轻轻地叩了叩那扇门，没有反应。年轻人不甘心，进而轻轻一推，虚掩着的门开了。房间里没有任何摆设，只有一张桌子。年轻人来到桌旁，看到桌子上放着一个纸牌，上面用毛笔写着几个醒目的大字——"请把此牌送给总经理"。

年轻人拿起那个已落满灰尘的纸牌，走出房间似有所悟，乘电梯直奔15楼总经理办公室。当他自信地把纸牌交到总经理手中时，仿佛期待已久的总经理一脸笑意地宣布了一项让年轻人感到震惊的任命："从现在起，我任命你为销售部经理助理。"

第6章 好心态是开启幸福的金钥匙

在后来的日子里,那个年轻人果然不负厚望,不断开拓进取,把销售部的工作搞得红红火火,并很快被提升为销售部经理。没过多久,总经理向众人做了如下解释:"这位年轻人不为条条框框所束缚,敢于对上司的话问个'为什么',并勇于冒着风险走进某些'禁区',这正是一个富有开拓精神的成功者应具备的良好素质。"

其实,很多成功的门都是虚掩着的,只有勇敢地去叩开它,大胆地走进去,才能探寻出个究竟来。或许,呈现在你眼前的真的就是一片崭新的天地。毕竟,勇气是成功的前提。敢于闯入禁区的人,一定会有意想不到的收获。

幸福寄语

很多人都在努力追求事业的成功,却都把成功想象得非常困难。其实,很多成功的门都是虚掩着的,只有勇敢地去叩开它,大胆地走进去,才能够探寻出个究竟来。或许,那时呈现在你眼前的将会是一片崭新的天地。或许,那时你就能够找到自己梦寐以求的幸福。

善用他人的力量

比尔·盖茨曾说,一个善于借助他人力量的企业家,应该说是一个聪明的企业家。在办事的过程中善于借助他人力量的人也是一个聪明的人。

一代天骄成吉思汗,就是善于借助他人力量。成吉思汗当年进攻蒙古篾乞儿部时,兵力不济,后来他联合草原雄鹰札木合,一举歼灭篾乞儿部。等到他与札木合争雄时,又联合王罕,打败了札木合,奠定其草原霸主地位。

在自己的力量还不足够强大的时候，借助他人的力量，是走向成功的一种捷径。一个人要获得事业的成功，都免不了要借助别人的力量。

荀子在《劝学》中就说道："假舆马者，非利足也，而致千里；假舟楫者，非能水也，而绝江河。君子生非异也，善假于物也。"借助于车马的人，不必自己跑得快，却能远行千里；借助于舟船的人，不必自己善水性，却能渡江河。君子生性与别人无异，只是因为他善于借助和利用外物，所以就不同了。这就是一种善于借助外部力量的大智慧。

现代社会越来越开放，信息传播越来越快捷，企业的结构越来越庞大，专业分工越来越细致。靠个人单枪匹马独闯天下的时代已经成为过去。

要想取得成功就要借助他人的力量而不是自己一个人的艰苦奋斗。换句话说，就是要调动外界的一切能为自己利用的资源，从而提高我们的办事效率，迅速达到我们的预定目标。

借力指的是借他人之力，如亲戚、朋友、同学所掌握的地位、名望、财富和权力。他人有时是你接近成功或走向成功的桥梁与阶梯，尤其是那些德高望重的名人，他们的力量能够帮助你找到走向成功的最佳捷径。古往今来，借助于他人之力成功的事例真是数不胜数。

2000年，美国福布斯杂志评出的五十位中国富豪中，其中第二十四名的张果喜，就是善于借别人的力量为自己办事的高手。

张果喜素有"巧手大亨"之称。他看准了佛龛在日本市场的潜力，就招聚公司员工进行分析、达成共识，使产品在日本市场一炮走红，成为日本佛龛市场的老大哥。

公司为了经营的需要，在日本委托了代理销售商，但一些富有眼光的日本商人看到经营这种佛龛有大利可图，为了赚到更多的钱，就想绕过代理商这一关，直接从果喜实业集团公司进货。

张果喜仔细地考虑了这件事情。

从眼前利益来讲，从厂方直接订货，可以减少许多中间环节，有利于厂方的销售，然而却破坏了与代理商之间的关系。同时，佛龛在韩国和中国台湾地区也有相当大的生产能力，代理商如果背向自己，与韩国或中国台湾地区生产厂家挂钩,岂不影响本公司的利益吗?

张果喜果断地回绝了那些要求直接订货的日本朋友,并且把情况转告给代理商,向代理商表示,公司在日本的业务全部由代理商处理,公司不通过其他渠道向日本出口佛龛。

代理商听了之后很受感动,在佛龛的推销和宣传方面下了很大的功夫,并且在日本市场打出了"天下木雕第一家"的金字招牌,从而使张果喜公司的佛龛在日本市场上站稳脚跟。

一个人,纵然是天才,也不是全能的。尼采鼓吹自己万能,结果发疯而死。所以,一个人要想实现自己的梦想,就要善于运用自己的才智,借助他人的力量来帮助自己达成目标。

一个人想要顺顺当当地把事情办成功,除了靠自己的努力外,有时还要借助他人的力量才能扶摇直上。这就要求在事业的征途中,恰当地选择人才,善于借用人才之力。

在借助他人的力量来帮助自己时,一定要注意以下几点。

(1)要与有影响力的人做朋友。对于一般人来说,应该随时留心周围人的品格、能力及其影响力,要懂用真诚去结交一些对自己有利的朋友。要盯得准,看谁有能力帮助你。

(2)谙熟为人处世之道。朋友能否帮你的忙,还要看你平时表现如何。这就要求你与人交往时,目光要放长远些,不因小利而不为,亦不因利大而为之。这样看来,借力的功夫完全包含在无处不在的为人处世之道中。

(4)脸皮要厚点,别怕丢脸。有很多人并不是不会借力,而是难为情而不愿意求人,总觉得这样做有失体面,好像是贬低了自己的能力。其实,这些想法都是不必要存在的。什么时候也别忘了,即使是拿破仑也需要别人帮他架起成功的桥梁,何况你只是一个平常之人呢!

幸福寄语

一个人要想获得梦想中的成功,除了靠自己的努力外,还要懂得借助别人的力量摘下理想的桂冠。一般情况下,无论别人的声名大小,地位高低,只要对你的人生有所帮助,你就应该懂得适时地借力一下,也许不经意间你就会发现成功在不远处向自己招手。

感谢你的敌人

伟大的军事家拿破仑曾经说过这样一句话:"一匹马如果没有另一匹马紧紧追赶并要超过它,就永远不会疾驰飞奔。"的确,别人跟得紧,你才会跑得更快。其实,我们也正是在与对手的交往中逐步成长起来的。没有对手的相伴,我们将缺少危机意识;没有对手的拼搏,我们将难以激发旺盛的斗志;没有对手的提醒,我们常常会丧失进取之心。感恩对手,是他的存在让我们的人生拒绝了平庸。

每个人的一生都不会是一帆风顺的。漫长的旅程中,难免会遇到各种各样的挫折与坎坷。每当这时,我们常常想到的是对手如何强大,把不顺利的原因推向对方。可是,你是否想过正因为对手的"狡猾",才突出了你的"稚嫩";正因为对手的强大,才突出了你的弱小;正因为对手不断进步,才突出了你的故步自封。感恩对手,是因为他的存在让我们看到了自身的不足。

行走人生,我们不能缺少对手。有一个访谈节目采访奥运冠军刘翔,当主持人问他取得好成绩的奥秘时,他说:"我把以前的奥运冠军当作我的对手,把他们当作我追赶的目标。我不断地告诉自己要赶上他们,要超过他们。"是的,正是因为有约翰逊等超级对手的存在,正是因为有这种重视对手、追赶对手的精神存在,才使得刘翔的人生与众不同,体现出别样的精彩。感恩对手,是因为他的存在让我们看到了自己奋斗的目标。

加拿大有一位长跑教练,以在很短时间内培养出了几位长跑冠军而闻名。然而,在这个世界上很少有人会想到,他成功的秘密是因为有一个神奇的陪练,而这个陪练不是一个人,是一只凶猛的狼!

他说他是这样决定用狼做陪练的。因为他训练队员的项目是长跑,所以他一直要求他的队员从家里来时一定不要借助任何交通工具,必须自己一路跑来。他有一个队员,每天都是最后一个到达,而他的家还不是最远的。他很想告诉他让他改行去干别的,不要在这里浪费时间了。但是,突然有一天,他的这个队员竟比其他人早到了20分钟。他知道他离家的时间,他算了一下,惊奇地发现这个队员今天的速度几乎可以超过世界纪录。他见到这个队员的时候,他正气喘吁吁地向他的队友们描述着他今天的遭遇。原来,他在离开家不久,经过一段有五公里的野地时,遇到了一只野狼。那野狼在后面拼命地追他,他拼命地在前面跑,竟把野狼给甩下了。

教练明白了,这个队员今天超常的成绩是因为他遇到了一个可怕的敌人,这个敌人使他把自己所有的潜能都发挥了出来。从此,他聘请了一个驯兽师,找来几只狼,每当训练的时候,就把狼放开。没有多长时间,他的队员的成绩都有了大幅度的提高。

日本的游泳运动一直处于领先地位。有人说,他们训练的方法也有着神奇的秘密。一个到过日本游泳训练馆的人惊奇地发现,日本人在游泳馆里养着很多鳄鱼。后来,他探询到了这个秘密。在训练的时候,当队员一跳下水,教练就会把几只鳄鱼放到游泳池里。几天没有吃东西的鳄鱼见到活脱脱的人,立即兽性大发,拼命追赶运动员。运动员尽管知道鳄鱼的大嘴已经被紧紧地缠住了,但看到鳄鱼的凶相,还是条件反射似的拼命往前游。

无论是那个加拿大人还是日本人,无疑都掌握了这样一个道理:敌人的力量会让一个人发挥出巨大的潜能,创造出惊人的成绩,尤其是当敌人大到足以威胁你生命的时候。敌人就在你的身后，倘若你一刻不努力，就会面临生命危险。

有一个美国的小女孩，由于是黑种人，所以到处受到白人的排斥，这让她备感羞辱。自尊心很强的她立志有一天要在白人面前找回黑人的尊严，因为她知道黑人并不比白人差。从此她以八倍的辛苦数十年如一日地发愤学习，积累知识，增长才干。普通美国白人只会讲英语，她则除母语外还精通俄语、法语、西班牙语；普通美国白人26岁可能研究生还没有读完，她已是斯坦福大学最年轻的教授，随后又出任斯坦福大学历史上最年轻的教务长。天道酬勤，"八倍辛苦"换来了"八倍成就"，她终于脱颖而出，一飞冲天。她就是美国国务卿：赖斯。

为什么赖斯能够取得如此辉煌的成就呢？那是因为她把对手作为自己前进的方向，在战胜对手时不断强壮自己，锤炼自己。

现实生活中，很多人都把对手视为心腹大患，是敌人，是异己，是眼中钉、肉中刺，恨不得马上除之而后快。其实，只要仔细想一想，就会发现拥有一个强劲的对手是一种福气、一种造化。

一个强劲的对手，就像一副推进器，一个加力挡，一条警策鞭，会让你时刻有危机四伏的感觉，会激发你更加旺盛的精力和斗志，会让你排除万难去克服一切艰难和险阻，会让你想方设法去超越、去夺取胜利。

幸福寄语

在这个充满竞争的社会上，每个人都会面临各种各样的对手，每个人都是在与对手的交往中成长起来的。没有对手的相伴，我们就会缺少危机意识；没有对手的拼搏，我们很难激发旺盛的斗志；没有对手的提醒，我们常常会失去进取的力量。所以，我们每个人都应该感恩自己遇到的每一个对手。

让自己变得更加自信

一个平凡的人，如果他有非常顽强的自信心，那他一定可以干出一番惊天动地的业绩。自信心不足的人，即便才干出众、天赋优越、性格高尚，要成就伟大的事业也是有相当难度的。坚强的自信是成功的无尽源泉。一个人能取得的成就，不可能超出他的自信所达到的高度。无论才能如何，天赋怎样，顽强的自信都是成功的源泉。相信自己就一定可以做到，事实上也的确能做到。与此相反，如果对自己丧失信心，那就很难成功。

美国第 26 任总统罗斯福是一个有缺陷的人，小时候是一个脆弱胆小的学生，在学校课堂里总会显露出一种惊惧的样子。他呼吸就好像喘大气一样。如果被喊起来背诵，立即会双腿发抖，嘴唇也颤动不已。回答起来，更是含含糊糊，吞吞吐吐，然后颓然地坐下来。由于牙齿的暴露，难堪的境地使他的面孔变得难看不已。

这样一个孩子很敏感，常会回避同学间的任何活动，不喜欢交朋友，只知道在一个角落里自怜自叹。然而，罗斯福虽然有这方面的缺陷，但却有着奋斗的精神——一种任何人都可具有的奋斗精神。事实上，缺陷促使他更加努力奋斗。他没有因为同学们对他的嘲笑而减少勇气。他喘气的习惯变成了一种坚定的嘶声，他用坚强的意志，咬紧自己的牙床，使嘴唇不颤动而克服内心深处的惧怕。

没有一个人能比罗斯福更了解他自己，他清楚自己身体上的种种缺陷。他从来不欺骗自己，并且告诉自己是勇敢的、强壮的。他用行动来证明自己可以克服先天的障碍而取得成功。

凡是他能克服的缺点他便克服，不能克服的他便加以利用。通过演讲，他学会了如何利用一种假声，掩饰他那无人不知的龅牙，以及他的打桩工人的姿态。虽然他的演讲没有任何惊人之处，但他不因自己的声音和姿态而遭受冷眼与嘲笑。他没有洪亮的声音和威重的姿态，他也不像有些人那样具有惊人的辞令，然而在当时，他却是最有影响力的演说家之一。

由于罗斯福没有在缺陷面前退缩和消沉，而是充分、全面地认识自己，在意识到自我缺陷的同时，能正确地评价自己，在顽强之中抗争。不因缺陷而气馁，甚至将它加以利用，变为资本，变为扶梯而登上名誉巅峰。在晚年，已经很少有人知道他曾有严重的缺陷。

古往今来，成功人士并非完美无缺，他们甚至比常人柔弱、卑微。看看他们积极的自我意识，你会有很多收获。

曾长期担任菲律宾外长的罗慕洛穿上鞋时身高只有1.63米。原先，他常常为自己的身材而自惭形秽。年轻时，他也穿过高跟鞋，但这种方法令他感到非常不舒服——精神上非常压抑。他感到自欺欺人，于是便把高跟鞋扔了。后来，在他的一生中，他的许多成就却与他的"矮"有关。也就是说，矮促使他一步步地走向成功，以至他说出这样的话："但愿我生生世世都做矮子。"

1935年，大多数的美国人尚不晓得罗慕洛为何许人也。那时，他应邀到圣母大学接受荣誉学位，并且发表演讲。那天，高大的罗斯福总统也是演讲人，事后，罗斯福笑吟吟地怪罗慕洛"抢了美国总统的风头"。更值得回味的是，1945年，联合国创立会议在旧金山举行。罗慕洛以无足轻重的菲律宾代表团团长身份，应邀发表演说。讲台差不多和他一般高。等大家静下来，罗慕洛非常严肃地说道："我们就把这个会场当作最后的战场吧。"这时，全场登时寂然，接着爆发出一阵掌声。最后，他以"维护尊严、言辞和思想比枪炮更有力量……唯一牢不可破的防线是互助互谅的防线"结束演讲时，全场响起了暴风雨般的掌声。后来，他分析道："如果大个子说这番话，听众可能客客气气地鼓一下掌，但菲律宾那时离独立还有一年，自己又是矮子，由我来说，就有意想不到的效果。"从那天起，小小的菲律宾在联合国中就被各国当作资格十足的国家了。

由这件事，罗慕洛认为矮子比高个子有着天赋的优势。矮子起初总被人轻视，后来，有了表现，别人就觉得出乎意料，不由得佩服起来，在人们的心目中，成就就格外出色，以至平常的事一经他手，就似乎成了石破惊天之举。身为"矮子"的罗慕洛的成功之处，就在于他承认缺点，却又超越缺点，把它转化为发展自己的力量。

自信心对一个人一生的发展所起的作用是无法估量的，无论在智力上还是体力上，或是做事的各种能力上，自信心都占据着基石性的支持地位。一个人如果缺乏自信心，就会缺乏探索事物的主动性、积极性，其能力自然要得到约束。

曾经有过这样一个著名实验：

一个女孩长相很丑，因此对自己缺乏自信心，不喜欢打扮，整天邋邋遢遢的，做事也不求上进。心理学家为了改变她的心理状态，让大家每天都对丑女孩说"你真漂亮"、"你真能干"、"今天表现不错"等赞扬性的话语。过了一段时间，人们惊奇地发现，女孩真的变漂亮了。其实，她的长相并没有变，而是精神状态发生了变化。她不再邋遢了，变得爱打扮、做事积极、爱表现自己了。怎么会这样呢？其根源正在于自信心。因为女孩对自己有了自信，所以使大家觉得她比以前漂亮了许多。

可见，自信心就像能力的催化剂一样，它可以将人的一切潜能都调动起来，将各部分的功能推进到最佳状态。

在许多成功者的身上，我们都可以看到超凡的自信心所起到的巨大作用。这些事业取得成功的人，在自信心的驱动下，敢于对自己提出更高的要求，并在失败的时候看到希望，最终获得成功。

幸福寄语

　　每个人来到这个世界上都会有自己的长处与不足。一个自信的人往往能够看到自己的长处，并且将其发挥到极致，所以他才会获取生命中的成功。一个自卑的人往往只会看到别人的闪光点而看不到自己的长处，所以他在不经意间迷失了人生的方向，久而久之等待自己的只有失败的命运了。所以，一个有进取心的人就应该时时刻刻相信自己一定能行，就应该放下消极思想勇敢地向理想的大门迈进。

每天都要乐观向上一点点

　　人的一生，就像一趟旅行，沿途中既有数不尽的坎坷泥泞，也有看不完的风景。我们既然能坦然地享受幸福、快乐、希望和阳光，也要学会坦然地面对忧愁、绝望、不幸与黑暗。

　　一般来说，在面对人生最精彩的一刻时，我们都能够以微笑迎接。可是当我们面对人生那些不可避免的哀愁时，我们同样也要以微笑来迎接。

　　课堂上，教授从讲义夹中取出一张白纸，问大家："这张纸有几种命运？"学生们一时愣住了，没想到教授居然会问这么奇怪的问题，一时没有人回答。

　　教授把纸扔到地上，又当着大家的面在纸上踩了几脚，纸上立刻就沾满了污垢，教授又问："这张纸有几种命运？"

　　说着他拾起沾满污垢的纸，很快在上面画了一幅人物速写，还配了一首诗，而刚才踩下的脚印恰到好处地变成了少女裙摆上美丽的褶皱。

　　这时教授举起手问道："现在请回答，这张纸的命运是什么？"学生们一下子明白了教授的意思，非常干脆地回答说："您赋予这张废纸以希望，使它有了价值。"

教授脸上露出笑容说："大家都看见了吧，一张不起眼的纸片，以消极的态度对待它，它就一文不值；以积极的态度对待它，给它一些希望和力量，纸片就会起死回生。一张纸片是这样，一个人也是这样！"

一张纸片可以被当作废纸扔在地上，被踩来踩去，也可以作画写字，更可以折成纸飞机，飞得很高很高，使人仰望。

一张纸片尚且有多种命运，更何况人呢？命运如纸，只要保持一种乐观的心态，无论它怎样变化，遭受怎样的挫折与磨难，它依然是有价值的。

很久以前看过一幅漫画，一男一女两个小孩背靠背站在草地上，男孩脚下一个足球，女孩身边一把铁锹。他俩都望着正在下雨的天空，男孩哭了，女孩笑了。男孩哭了，是因为下雨天不方便踢球；女孩笑了，是因为下雨天容易铲土种花种草。

人生也是如此，同样是进退流转，对心态好的人来说是一种责任，是一股动力；而对心态差的人来说，把握不好，则会给心理、身体、家庭和事业带来负面影响。

所谓乐观的心态是指鞭策自己、战胜自己的心理素质。事物永远是阴阳共存，好坏并进的；同时，事物发展的轨迹是波浪前进、螺旋上升的，事物本身就是一个动态的进化趋向。

乐观的心态看到的是事物好的一面，而悲观的心态则反之。乐观的心态也就是积极的心态。要成功，首先就要有积极的习惯、积极的思维、积极的微笑、积极的手势、积极的语言，当然还有积极的行动。

其实这也是一个专注点的问题，尤其是积极的暗示，更为重要。积极的暗示相当于给自己的大脑输入了一个积极的指令，潜意识便会发生作用。潜意识的力量比意识大3万倍，当这个潜能被开发出来，奇迹就会发生。

以前，希腊有一个大政治家叫狄摩西尼。天生的不幸，使他的齿唇上留有缺陷，说话含糊不清，很难与人沟通交流，这使他感到非常苦恼。为了纠正自己的这个毛病，狄摩西尼找来一块小鹅卵石含在嘴里练习说话。

有时跑到海边，有时跑到山上，尽量放开喉咙背诵诗文，练习一口气念几个句子。长时间地练习，石子磨破了他的牙龈，每次都弄得满嘴是血。血染红了他嘴里的那块石头。但是，这些困难并没有使他放弃练习，一直练到口齿流利，能侃侃而谈为止。

我想狄摩西尼的故事之所以感人，是因为他在用意志与躯体抗争，用美好的愿望与不幸的缺陷抗争！其实，幸福和悲哀仅有一墙之隔。对我们来说，总希望自己奔向幸福的一边。但生活是可以转化的，有时我们不可避免地走在了悲哀的路上，这时，我们的意识总会萌生出一些美好的愿望，我们不妨循着这条美丽的线索，去寻找自己的春天。但可能有自身的负面情绪和缺陷束缚着我们通往愿望的脚步。通常，我们总会在自己的内心较量一番。

而较量的结果大概只有这两种：一种是行动伴随着愿望一起走，一种是美好的愿望枯萎在又臭又黑的泥潭里。聪明智慧的人总会用毅力和微笑去面对生活的不幸与苦难，这样做之后，他也迎来了精彩的人生。

世上没有相同的人生，上帝不屑于重复制造，对上帝来说，差异性才是丰富多彩的。上帝在给予我们幸福和快乐之前，总喜欢在我们前进的道路上准备一些苦难和坎坷。

当我们处于人生的黑暗时代，永远不要依靠他人的同情和唏嘘来衬托自己的穷途末路，我们应该鼓起勇气执着地去面对。否则，我们虽然得到了短暂的心理安慰，但最后的结果还是别人的鄙视和厌恶。所以，不要被烦扰和沮丧占据我们的心灵，如果因此而干涸了心泉，失去了生机，丧失了斗志，我们岂能成就辉煌？

所以，我们永远要保持乐观向上的心态，坦然地看待自己眼前所发生的一切。即使是四面楚歌，也要背水一战，也要期待着"柳暗花明"的那一天。我们要学会苦中作乐，风雨中接受磨砺，找到生活的趣味，经过长久的忍耐和拼搏之后，我们最终将迎来的是鲜花和掌声。

人生有阳光，也有风雨，我们渴望阳光的同时，也需要风雨来洗礼。我们要学会冷静地看待人生，一时的挫折并不意味着整个人生都暗淡无光，只要我们能够保持一种乐观的心态，生活的美好就一定会在前方展现。

幸福寄语

在人生的旅途中，每个人都会遇到各种艰难险阻。其实，挫折并不可怕，可怕的是我们拥有一种悲观消极的心态。在面对人生的苦难时，我们每个人都应该保持一种乐观向上的心态，坦然地看待自己眼前所发生的一切，我们一定要相信会有成功的一天。

...第7章

欲望愈少，幸福愈多

爱你所依赖的生活

在人生的道路上，我们总要经历风雨。在遇到挫折时，有的人选择了退缩与回避，有的人却能够以微笑的姿态来迎接困难，以骄傲的心情来热爱自己所生存着的世界。于是，成功与胜利就悄悄地向他们靠近了。

农夫家养了一只小黑羊和三只小白羊。三只小白羊非常骄傲，因为它们有雪白的皮毛，因此它们对那只小黑羊不屑一顾："你看看你自己，像什么啊，黑不溜秋的，跟锅底一样。"

"依我看呀，它身上的毛就像炭灰。"

"我觉得更像盖了多年的旧被褥，脏兮兮的。"

不但三只小白羊不喜欢它，就连农夫也瞧不起小黑羊，总是把最差的草料给它吃，看它不顺眼了就对它抽上几鞭。小黑羊总觉得自己是寄人篱下的可怜虫，它非常自卑，连自己都认为比不上那三只小白羊，经常难过地独自流泪。

有一天，天气很不错，小白羊和小黑羊就一起到外面去吃草，不知不觉，它们已经走得很远了。不料寒流突然袭来，下起了鹅毛大雪，又刮着风，它们都觉得很冷，就躲在灌木丛中相互依偎着。没多久，灌木丛和周围积满了厚厚的雪。这时它们才打算回家，可是雪太厚了，根本没法行走，几只羊只好挤在一起，等着农夫来救它们。

农夫看到天气突变，便立刻上山寻找。但雪下得很大，四处都是白茫茫的。农夫非常着急地四处张望，这时突然发现远处有一个黑点，便赶紧跑过去。到那里一看，果然是他那四只濒临死亡的羊羔。

农夫抱起小黑羊，非常感慨地说："多亏了小黑羊，不然，羊儿可能要冻死在雪地里了！"

一个人不要总是盯着自己的缺点，别人认为的缺点，或许正是让自己获得成功的优点。任何事情都不是绝对的。鱼儿虽然没有翅膀，却可以在水里自由自在；雄鹰虽然没有强健的四肢，却可以在天空任意翱翔。我们的缺点，有时反会激发出另一方面的优势。只要自己调整好心态，就可以坦然地面对一切。

不管做什么事，首先要对自己充满信心，相信自己一定能行。一个有自信心的人喜欢不断尝试，为了自己的梦想，他们会尝试多次，就算遭遇失败也不后悔；一个充满自信的人能够从失败中汲取教训，让自己做得更好；一个自信的人在任何时候都能坦然地接受失败，他们懂得：只有经受失败的锤炼，才能收获真正的成功。

被人们称为"全球第一CEO（首席执行官）"的美国通用电气公司前首席执行官杰克·韦尔奇曾有句名言："所有的管理都是围绕'自信'展开的。"凭着这种自信，在担任通用电气公司首席执行官的20年中，韦尔奇显示了非凡的领导才能。韦尔奇的自信，与他所受的家庭教育是分不开的。韦尔奇的母亲对儿子的关心主要体现在培养他的自信心。因为她懂得，有自信，然后才能有一切。

韦尔奇从小就患有口吃症。说话口齿不清，因此经常闹笑话。韦尔奇的母亲想方设法将儿子这个缺陷转变为一种激励。她常对韦尔奇说："这是因为你太聪明，没有任何一个人的舌头可以跟得上你这样聪明的脑袋。"于是从小到大，韦尔奇从未对自己的口吃有过丝毫的忧虑。因为他从心底相信母亲的话：他的大脑比别人的舌头转得快。

在母亲的鼓励下，口吃的毛病并没有阻碍韦尔奇在学业与事业上的发展。而且，注意到他这个弱点的人大都对他产生了某种敬意，因为他竟然能够克服这个缺陷，在商界出类拔萃。美国全国广播公司新闻部总裁迈克尔就对韦尔奇十分敬佩，他甚至开玩笑说："杰克真有力量，真有效率，我恨不得自己也口吃。"

韦尔奇的个子不高，却从小酷爱体育运动。读小学的时候，他想报名参加校篮球队，当他把这一想法告诉母亲时，母亲便鼓励他说："你想做什么就尽管去做好了，你一定会成功的！"于是，韦尔奇参加了篮球队。当时，他的个头几乎只有其他队员的3/4。然而，由于充满自信，韦尔奇对此始终都没有丝毫的觉察，以至几十年后，当他翻看自己青少年时代在运动队与其他队友的合影时，才惊奇地发现自己几乎一直是整个球队中最为弱小的一个。

　　在培养儿子自信心的同时，母亲还告诉韦尔奇，人生是一次没有终点的奋斗历程，你要充满自信，但无须对成败过于在意。

　　有些人表面上看自尊心很强，对于来自各方面的"轻视"非常敏感，实际上是缺乏自信心的表现。同样一件微不足道的小事，在真正有自尊心的人看来没什么大不了。爱默生说过："有史以来，没有任何一件伟大的事业不是因为自信而成功的。"

　　一个人拥有了自信，就等于为成功做好了准备，而自卑会对我们自身的发展造成很大的障碍。凡是自卑的人，意志一般都比较薄弱，遇到困难时容易退缩，处世小心翼翼，缺少面对困难的勇气。他们还会怀疑自己的价值，缺乏安全感。

　　自卑常常会给人际交往带来一定的负面影响。因为自卑的人容易情绪低沉，常会因怕对方瞧不起自己而不愿与人来往，而人际交往中的困惑又容易让他走进死胡同。要记住，自卑是成功的大敌，应该尽自己最大的努力去克服它，否则，它就会给自身的发展带来负面影响。因此，我们要放下自卑，让自信照亮人生。

　　有一个叫黄美廉的女子，从小就患上了脑性麻痹症。这种病的症状非常惊人，因为肢体失去平衡感，手足会时常乱动，口里也会经常念叨着模糊不清的词语，模样十分怪异。

　　医生根据她的情况，判定她活不过6岁。在常人看来，她已失去了语言表达能力与正常的生活条件，更别谈什么前途与幸福。但她却非常坚强地活了下来，而且靠顽强的意志和毅力，考上了美国著名的加州大学，并获得了艺术博士学位。

　　她靠手中的画笔，还有很好的听力，抒发着自己的情感。在一次讲演会上,一位学生这样贸然地提问:"黄博士,你从小就长成这个样子,请问你怎么看你自己?你有过怨恨吗?"

在场的人都暗暗责怪这个学生的不敬,但黄美廉却没有半点不高兴,她十分坦然地在黑板上写下了这么几行字:一、我好可爱;二、我的腿很长很美;三、爸爸妈妈那么爱我;四、我会画画,我会写稿;五、我有一只可爱的猫。

最后,她以一句话作结论:"我只看我所有的,不看我所没有的!"

由此可见,一个聪明的人要使自己的人生变得有价值,就一定要经受住磨难的考验;要想使自己活得快乐,就一定要接受和肯定自己。其实,在这个世界上,每个人都有着不同的缺陷,并非只有你是不幸的,关键是如何看待不幸。无须抱怨命运的不济,不要只看自己没有的,而要多看看自己所拥有的,我们最终会发现:其实我们很富有。

在人生中,我们每个人都会遇到各种各样的困难与不幸,在人生中,我们每个人都应该学会珍爱生活,都应该好好地过好生命中的每一天。

幸福寄语

我们每个人都会不可避免地遇到各种各样的挫折与不幸。有的人选择了退缩与回避,有的人却能够以微笑和自信来迎接困难,以骄傲的心情来热爱自己所生存着的世界。充满自信的人生才是灿烂的人生,充满自信的人生才是幸福的人生。

孤独是一种别样的幸福

孤独,是一种别样的幸福。孤独是清泉,可以滋润幸福的花草;孤独是阳光,可以温暖幸福的心灵;孤独是火把,可以点亮幸福的灯盏。体验过真正的孤独,才能真正感受和珍惜这份来之不易的幸福。

孤独,总会令人联想到一个形影相吊的情景,其实,从哲学上来说,我们每个人都是孤独的。

在现代生活中,我们难得孤独,因为我们身边总有人来人往;可是,我们同时也很容易孤独,因为一群人的狂欢,正是自己一个人的孤独。孤独,能让我们在纷乱繁忙的生活中静下心来思考自己走过的人生;孤独,是一杯苦茶,要慢慢品尝才能体会到它的甘甜。在人生的道路上,很多人都在孤独地行走着,蓦然回首那段路时,幸福之情油然而生,因为你一个人靠着自己走过来了,不需要搀扶,不需要施与帮助,靠着自己的毅力冲过来了。

孤独是感悟人生真谛黑夜明灯,一个人懂得了真正的孤独,才能从容地驾驭自我,塑造自我。而今,不少青年心怀大志,却碌碌无为,究其原因,是缺乏坚强的意志和吃苦耐劳的韧性,难耐孤独,寻求所谓的潇洒快活,沉醉于夸夸其谈,最终只能一事无成。

孤独是一种品位,是一种自我充实的最好方式。越是在热闹的人群中,越是苦恼,酒桌上觥筹交错也掩盖不住内心的空虚。当独处的时候,也许是最自我的时候。孤独是一种傲然自立、个性充盈的美的境界。孤独是一种沉静美,是一种自信美。享受孤独,可以在短暂的季节里,创造人生的辉煌。孤独是一种傲岸,是一种自强,能享受友谊温情的人很多,但能享受孤独的却寥寥无几!

其实,在这个世界上坚强的人享受孤独,懦弱的人逃避孤独,前者总能在孤独中超凡脱俗,而后者总能导演出一幕幕平庸甚至悲惨的人生。

一位温柔漂亮的姑娘与一位才华横溢的小伙子双双坠入爱河。可是小伙子家里太穷了,姑娘家里人极力反对,认为他们门不当户不对,想方设法要拆散他们,对姑娘软硬兼施,威逼利诱。姑娘在父母的压力下极力坚持,就是不屈服。当小伙子知道了自己爱的人为了他受到这么大的压力时,于心不忍,也觉得自己确实配不上她,于是最终选择了离开!

姑娘遭受重大打击后，万念俱灰，从此陷入了无尽的孤独中。但是因为缺乏人生历练，缺乏足够的坚强的意志，缺乏享受孤独的智慧，于是很快便随意听从父母的安排，嫁给一个自己并不爱的花花公子。

当一个人情绪波动比较大或压力比较大时，仍然能够做到冷静理智是一件非常困难的事。这时候也是最危险的时候，因为我们可能丧失判断力，容易做出糟糕、冲动的决策，最终输给了自己，输给了她害怕孤独的不成熟心态，结果使自己从一种伤痛走入了另一种永远无解的、更深的伤痛。在这个时候，我们心底有一种非常强烈的愿望，就是要摆脱这种境遇：我不想再这样下去了，随便哪条路，只要能摆脱现在就行。

孤独不是寂寞，也不是无聊，懂得孤独的人，会在幽幽的意境中，享受孤独。享受孤独，是在静谧的夜晚，在万物尘埃落定之后，心境和夜色融为一体，没有一点点脂粉装饰，清澈如水；享受孤独，是在安静中轻轻掀起几丝陈旧的柔情，将自己的思绪沉浸，沉浸在宛如大海的深蓝夜空中，只有月亮和我做伴，只有星星对我眨眼，轻云与我微笑！

喜欢孤独的人往往会多愁善感，伤着自己的伤，痛着自己的痛，把自己沉浸在灰色世界里，在记忆中慢慢爬行，在岁月里慢慢折腾，将自己忧郁受伤的心慢慢抚平，慢慢变得温柔淡定。孤独的文字中，往往会挖掘出从骨子里带有的淡淡忧伤和寂寞。那寂寞的美丽便是一种心灵的超越和解脱，一种无言的朦胧和美丽，一种最真的宁静和从容。

生活如落花流水，总有很多无奈，我们于是逐渐将自己困扰在幽怨的空间，走不出，更不愿走出，在孤独中悲观、愤怒，或感动。晨雾弥漫，寒意朦胧，这样的孤独如清冷的季节，虽然有些冰冷的悲哀，却也有种莫名的欢喜。无可奈何花落去，心底里残留了暗暗的幽香，慢慢品尝凄楚中的美丽与芬芳，慢慢在宽容平和的心境中，铭记着花开的灿烂和瞬间。喜欢孤独，更喜欢在孤独意境中找寻属于自己的快乐与幸福。

幸福寄语

在我们的生命中，其实每个人都在孤独地前行。因为孤独，所以我们想结伴而行。孤独，是一种别样的幸福，孤独，是一种凄清的美。在孤独的境遇中，我们不狂不躁，而是静下心来，像品尝一杯苦茶一样品尝孤独，我们所得到的幸福才会达到一个更高尚的境界。

放弃虚荣，饶恕自己

我们之所以对以前的某个错误耿耿于怀，迟迟不肯原谅自己，多半是因为我们为之付出了一定的代价，说到底是虚荣心在作怪。一个智慧的人在一般情况下都能够放下不必要的虚荣心，并且以十分坦然的姿态饶恕自己的过错。

王亚轩进入公司刚刚一年，因为表现优秀，很受领导器重。她也暗下决心一定要作出成绩来。一次，上级领导要她负责一个企划案，为一个重要的会议做准备，还透露说如果这次企划案能赢得客户的认可，她将有可能被调到总公司负责更重要的职务。对王亚轩来说，这是个千载难逢的机会。她非常卖力，每天都熬夜准备这份企划案。

可是，到了会议的那天，王亚轩由于过度紧张，出现了身体不适，脑子一片混乱，甚至没有带全准备好的资料，发言的时候词不达意，几次中断。这样的表现，最后的结果可想而知。

失去了一个这么好的机会，王亚轩为此懊恼不已。之后，由于她的状态一直不好，又有过几次小的失误，她对自己更加不满。以前自信的她，现在忽然觉得自己不适合这个工作，不然为什么老是在关键时刻出错呢？她开始惩罚自己，经常不吃饭，或者又暴饮暴食，或者拼命喝酒。

王亚轩的情绪越来越不好，领导找她谈过几次话，宽慰她过去的事情都过去了，人应该向前看。虽然她的情绪渐渐稳定了下来，但是她还是不能原谅自己，没有心情做好手中的事情，以致对工作失去了当初的信心。最后，她不得不递交了辞呈。

在现实生活中，有些人在犯了过错之后总是不能原谅自己，甚至憎恨自己，进而影响到现在乃至未来做事的心情。如果憎恨过于强烈，就无法重获信心，无法看到希望。错误既然已经犯下了，再惩罚自己有什么用呢？而且已经为此付出了沉重的代价，为什么还要搭上自己的现在和未来呢？

当我们为曾经的错误付出了沉重的代价后，可不可以尝试着去原谅自己呢？只有原谅自己，才能重新调整心情，开始新的生活。而那些无法原谅自己，始终对自己的过去耿耿于怀的人，得不到人生的幸福。

每个人都希望自己的人生道路和事业道路能够一帆风顺，最好不要犯任何错误，其实这一观念是不符合自然规律的，只不过是人们自己的一厢情愿罢了。"人非圣贤，孰能无过。"无论是在工作中还是生活中，犯错本来就是难以避免的事情。关键不在于犯错的本身，而在于我们犯错之后的反应。

经常听到这样一句话："我永远无法原谅自己。"可是，不原谅又如何？那等于把自己推入了一个永不见底的深渊，从此再也看不到希望和光明。世上没有"后悔药"可吃，谁也不能再改变过去，对自己的责怪只能加深自己的痛苦。

其实犯错本身并不可怕，可怕的是我们失去了直视它的勇气，更可怕的是我们从此失去做事的心情，以至于赔上了现在和未来。所以，千万不要抓住过去的伤疤不肯放手，赶快从自怨自艾的泥潭中跳出来，朝气蓬勃地投入到新的生活和事业中去吧！

只有真正从心底里原谅自己，才能驱走烦恼，让心情好转。学会原谅自己，不是给自己找借口，而是理智公正地分析我们过去的错误，从而在错误中得到教训，做到"经一事，长一智"。

我们不仅要学会原谅别人，更要学会原谅自己。如果不能原谅自己，我们便会陷在失败的泥潭里无法自拔；如果不能原谅自己，我们便会终日在自责中度过；如果不能原谅自己，我们便会失去自信，失去前进的勇气……

> **幸福寄语**
>
> 每个人都会犯错误，很多人由于虚荣不肯原谅自己的过失。所谓人无完人，孰能无过？一个智慧的人应该懂得适时地原谅自己的过错，并且从中找到过错的原因，从而一步步地迈向成功。

活着，才有幸福的可能

只要还活着，一切就都还有希望。遗忘了的，丢失了的，曾经放弃了的，只要还活着，总会有那么一天，它们会慢慢回来，回到我们身边。只要我们还活着，就没有必要绝望。世界那么大，生活那么辽阔，我们没有理由不好好地活着。要知道，活着，才会有幸福的可能。

前不久看到这样一则新闻：

一对家境贫困的年幼渔家兄妹在自家渔船上玩耍时，5岁的小妹妹不小心失足跌进了河里，而距她一步之遥的哥哥竟然无动于衷，冷眼旁观，直到亲妹妹消失在水中。事后面对大人们的责问，年仅7岁的哥哥非常镇定地说："活那么苦，拉她干什么？"犹如一位饱经风霜、阅尽人世的老人，厌世稚童的言语令人不寒而栗。

是什么让哥哥有这样的感受？据悉，孩子的父母不久前离婚后，母亲改嫁，其父两个月前因打架被送劳改。兄妹俩只能跟爷爷奶奶一起生活，连日常温饱都成了问题。妹妹经常在庙港的大街流浪，没有吃的了就在地上捡东西吃。

这样的生活状况，让年仅7岁的孩子说出这样厌世的语言："活那么苦，拉她干什么？"当这句话从一个小孩子的口中说出来的时候，让很多人感到无比地震惊。

当他还不知道生命的存在不只是受苦的时候，当他还不知道什么是幸福的时候，当他还不知道幸福是靠自己争取的时候，他用他的思想，扼杀了自己的妹妹，扼杀了一个本该拥有幸福的小生命。

因为他不知道，放弃什么，都不应该放弃生命。人能来到这世界上真的不容易，不管遇到什么困难，都要好好地活着！只有活着，才有幸福的可能。

活那么苦？要知道，苦难未必不是一件好事，它能够磨砺和打造一个人，只要能迈过苦难的门槛，才能迎接幸福，风雨之后必定是彩虹！

有一位母亲，就在她大儿子上小学三年级，二儿子上小学一年级的时候，悲剧突然降临到她的家里——丈夫因交通事故身亡。这是一次十分微妙的交通事故，丈夫不仅自己身亡，而且最后还被法庭判成了加害者。为此，她只得卖掉土地和房子来赔偿。

母亲和两个孩子只好背井离乡，流浪各地，好不容易得到一户人家的同情，把一个仓库的一角租借给她们母子三人居住。

在不大的空间里，她铺上一张席子，拉进一个没有灯罩的灯泡。一个炭炉，一个吃饭兼孩子学习用的小木箱，还有几床破被褥和一些旧衣服——这是他们的全部家当！

为了维持生活，母亲每天早上天没有亮就离开家，先后去几处打零工，回到家里已是快半夜了。于是，家务的担子全都落在了大儿子身上。

生活十分艰苦，做母亲的怎么能够忍心让孩子这样艰难地熬下去呢？她想到了死，想和两个孩子一起离开人世，到丈夫所在的地方去。

有一天，母亲泡了一锅豆子，早上出门时，给大儿子留下一张条子："锅里泡着豆子，把它煮一下，晚上当菜吃，豆子烂了时少放点酱油。"

这天，母亲干了一天活，累得疲惫不堪，实在失去了活下去的勇气。

她偷偷买了一包安眠药带回家，打算当天晚上和孩子们一块儿去死。

她打开房门，见两个儿子已经躺在席子上的破被褥里，处于熟睡中。在哥哥的枕边放着一张纸条："妈妈，我照您纸条上写的那样，认真地煮了豆子。不过，晚上盛出来给弟弟当菜吃时，弟弟说：太咸了，没法吃。弟弟只吃了点冷水泡饭就睡觉了。"

"妈妈，实在对不起。不过，请妈妈相信我，我确实是认真煮豆子的。妈妈求求你，尝一颗我煮的豆子吧。妈妈，明天早晨不管您起得多早，都要在您临走前叫醒我，再教我一次煮豆子的方法。"

"妈妈，今天您一定很累吧，我心里明白，妈妈是在为我们操劳。妈妈，谢谢您。不过，请妈妈一定要注意自己的身体。我们先睡了。妈妈，晚安！"

泪水从母亲的眼里夺眶而出。

"孩子年纪这么小，都在坚强地伴着我生活……"母亲坐在孩子们的枕边，流着眼泪一粒一粒地品尝着孩子煮的咸豆子。一种必须坚强地活下去的念头从母亲的心里生出来。

摸摸装豆子的布口袋，里面还残留一颗豆子。母亲把它捡出来，包进大儿子给她写的信里，她决定把它当作护身符带在身上。

十几年很快就过去了，兄弟俩长大成人。他们性格开朗，为人正直，双双毕业于一流大学，并找到了满意的工作，过上了幸福的生活。

直到如今，那一粒豆子和信，这位母亲仍时刻不离地带在身上。

这个故事告诉我们一个道理：只有活着，才有幸福的可能，才能过上幸福的生活。

我们活在世上的每个人，都会经历不同程度的困境。困境是生命过程中的一部分，是在困境中沉沦还是在困境中崛起，全在我们自己心中是否时刻充满希望。因此，当困难与挫折来临时，我们每个人都应该平静地去面对，乐观地去处理。希望、信念是我们人生道路上不可或缺的东西，只要心中充满着希望，就有了战胜困难的勇气，这时就是死神也会望而却步。

有一位医生素以医术高明享誉医学界，事业蒸蒸日上。但不幸的是，就在某一天，他被诊断患有癌症。这对他不啻当头一棒。他曾经一度情绪低落，但最终还是接受了这个事实，而且他的心态也为之一变，变得更加宽容、更加谦和、更加懂得珍惜所拥有的一切。在勤奋工作之余，他从没有放弃与病魔搏斗。就这样，他已平安度过了好几个年头。有人惊讶于他的事迹，就问是什么神奇的力量在支撑着他。这位医生笑盈盈地答道："是信念。因为我知道，只有活着，才有幸福的可能。"

活着，能够每天见到阳光，能够正常与人交流就是幸福。生命只有一次，不能重来，既然来到人世就应该好好地活着，不要浪费宝贵的时间，活着就是人生中最大的幸运，平平安安、健健康康就是人生中最大的幸福。

幸福寄语

每个人都非常艰难地活在这个世界上。其实，活着就是一种莫大的幸福。生命对于每个人来说只有一次，不能重来，既然我们来到人间就应该好好地活着，不要浪费宝贵的时间。平平安安健健康康地生活，那么我们就能够感受到人生的幸福。

...第8章
人人都能成为幸福载体

修炼忍耐力，你会更快乐

在生活中，一个有理想的人都应该让自己拥一个宽广的胸怀，都应该时时刻刻地修炼自己的忍耐力，这样你才能够变得豁达大度。倘若你没有足够的忍耐力，对任何事情都斤斤计较，那么等待自己的只有痛苦与失望。

战国时期，赵国的蔺相如因为出使秦国，临危不惧，战胜了骄横的秦王，为赵国立下大功，因而赵王封他为上卿。

廉颇，是赵国的一员名将。赵武灵王在位时，南征北战，为赵国立有汗马之劳；赵惠文王当政后，东挡西杀，他更是为赵国屡建新功。他是赵国谁都比不了的举足轻重的功臣。他若拥护谁，谁便如顺风乘船，他若反对谁，谁就似逆水行舟。

蔺相如当上丞相后，廉颇不满地逢人便说："我有攻城野战之功，他蔺相如算什么？只不过是有口舌之劳。而且，他是宦者舍人，出身卑贱。然而，他的官位竟居我之上，我怎能甘心？哼哼，待我见到他，非羞辱他一番不可！"

有一天，蔺相如乘车外出，在一条窄窄的街上，与也乘着车子的廉颇走了个对面。为避免发生冲突，蔺相如赶忙命车夫将车子避匿在街旁的一个小巷子里，待廉颇的车子过去后，他的车才走出巷子重新来到街上。可是，刚走了几步，没想到廉颇命他的车夫调转车头，又追了过来。蔺相如只好命他的车夫再次将车子避匿在街旁的巷子里，等廉颇的车子过后再走……蔺相如总是避开，不与廉颇发生冲突。每逢上朝的时候，常常称病不去；有时，蔺相如出门远远望见廉颇，便绕道而行。

蔺相如的门客和侍人对此感到非常不平，他们觉得主人太胆小怕事了，便向蔺相如说："我们之所以离开亲人来侍候你，只是羡慕你的高义。

如今，你与廉颇地位相同，他宣扬恶言，而你却怕他、躲他、避他，害怕他也害怕得太过分了。你这种做法就连普通人也感到羞愧，更何况你呢。我们无能，让我们走吧。"

蔺相如阻止他们，说："诸位认为廉将军和秦王比起来如何？"

门客们说："廉将军不如秦王。"

蔺相如说："秦王威震列国，诸侯都怕他，而我却敢在朝堂上公然斥责他，难道还会惧怕廉颇将军吗？现在强秦虎视眈眈，秦王之所以不敢侵赵，就是因为我和廉颇将军在。如果我们将相失和，岂非帮了秦王的忙？我决不能为了私事而把国家利益放到脑后。"

廉颇后来听到了蔺相如的话，深觉自己的做法太过分，带着惭愧心情，向蔺相如负荆请罪："我是个粗鲁之人，不知道将军如此宽宏大量，请相国恕罪。"廉颇和蔺相如和好，结成了生死之交。他们在世时，赵国仍雄立，强秦不敢小觑赵国。

在人际交往中，不要只盯住一己之私利，要尽量扫除报复之心和忌妒之念。要以大局为重，眼光要高远，胸襟要博大。特别是涉及大局时，一定要懂得克己忍让、宽容待人。不要如《三国演义》中的周瑜，心胸狭窄，容不得人，在"既生瑜，何生亮"中毁灭。要具有"白日依山尽，黄河入海流。欲穷千里目，更上一层楼"的胸襟。

吕蒙正，字圣功，是河南洛阳人。他在宋太宗、宋真宗时三次担任宰相，其人襟怀宽广、度量如海。

一天，吕蒙正听到几个儿子在家中私语，就问："我在朝中做宰相，外边是不是有什么议论？"

儿子答道："你的口碑很好，只是有人说你无所作为，职权多被同僚分走。我们心中有些为你不平。父亲，你是当朝宰相，皇上把你提升到这个位置上，看中的就是你的才能，为什么你总是让人三分呢？"

吕蒙正笑着说："我确实无能，哪有什么才能呀，皇上提拔我，只是因为我善于用人罢了，我做宰相，人若不尽其才，才是我真正的失职啊！"

吕蒙正做了宰相还没多久，有人揭发蔡州知州张绅贪赃枉法，吕蒙正就把他免了职。朝中有人对太宗说，张绅家里富足，不会把钱看在眼里，这是吕蒙正公报私仇。因为吕蒙正贫寒时，曾向张绅要钱，张绅没给他。太宗于是恢复了张绅的官职。这样的事怎能辩清，吕蒙正对此事什么也没说。后来其他官员在审案时又得到张绅受贿的证据，又被免了职，太宗这才知道冤枉了吕蒙正，就对他说："张绅果然是贪污受贿。"

吕蒙正只说道："知道了。"

吕蒙正的同窗好友温仲舒，两人同年中举，在任期间，温仲舒因犯案被贬多年。吕蒙正当宰相后，怜惜他的才能，就向皇上举荐了他。后来温仲舒为了显示自己，竟常常在皇上面前贬低吕蒙正，甚至在吕蒙正触逆了"龙鳞"之时，他还落井下石，当时人们都非常看不起他。有一次，吕蒙正在夸赞温仲舒的才能时，太宗说："你总是夸奖他，可他却常常把你说得一钱不值啊！"

吕蒙正笑了笑说："陛下把我安置在这个职位上，就是深知我知道怎样欣赏别人的才能，并能让这些人才充当其任。至于别人怎么说我，这哪里是我职权之内所管的事呢？"

太宗听后大笑不止，从此更加敬重他的为人。

宽容忍让，作为一种美德而受人称颂。孔子说："薄责于人，则远怨矣。"少责怪别人，对别人多谅解、多宽容，这样就能够远离怨恨了。俗语有云："忍一时风平浪静，退一步海阔天空。"宽容忍让不同于谄媚、屈辱和丧失人格，只有大智慧、大度量的人才能做到。宽容忍让不但是仁爱的体现，也体现了一个人的修养和高尚品格，更能够变灾祸为幸福，使自己变得轻松无忧。

幸福寄语

在生活中，一个有理想的人应时时刻刻地修炼自己的忍耐力，这样才能够变得豁达大度。倘若你没有足够的忍耐力，对任何事情都斤斤计较，那么等待你的只有痛苦与失望。

少安毋躁，以静制动

一个人如果心浮气躁，静不下心来做事，不仅会一事无成，更可能铸成大错。

一个人必须修身养性，培养自己的浩然之气、容人之量，保持自己的高远志向，同时要抑制急躁的脾气、暴躁的性格。做事要戒急躁，人一急躁则必然心浮，心浮则无法深入事物的内部去仔细研究和探讨事物发展的规律，无法认清事物的本质。气躁心浮，办事不稳，差错自然会多。

不少人办事都想一蹴而就，他们似乎忘了一点：做什么事情都有一定的规律，都得按一定的步骤行事，欲速则不达。

一个人如果过于急躁会带来很多危害。一个人如果想有所作为，而又不能马上成功，很容易会产生急躁情绪。本以为可以把事情办得很好，谁知忽然节外生枝，一时又无法处理，必然生出急躁之心。因为他人的过错，给自己造成了一定的麻烦，心气不顺，也会急躁。望子成龙，盼女成凤，天下父母之心皆然，但偏偏儿女不争气，心中也同样急躁。受到别人的责难、批评，又无法解释清楚，心中也会产生急躁的情绪。无论是哪一种情况产生的急躁，其实对人对己都没有好处。浮躁之气生于心，使行动变得粗暴，逞一时的匹夫之勇。

轻浮、急躁，对什么事都无法沉下心去，只知其一，不究其二，往往会给工作、事业带来损失。戒急躁就是要求我们遇事沉着、冷静，善于分析和思考，然后再行动。

天下成大事业者，无不是专一而行，专心而攻。博大自然不错，精深才能成事。只有精深，才能在某一个领域中成为专门人才，而其前提是必须克服浮躁的毛病。无论做什么事都不可能毫不费力地取得成功，急于求成，只能是害了自己。

忍浮躁确实不容易，要有顽强的毅力，才能做到这一点。但只要有决心、有信心，心中有个远大的目标，小小的浮躁又有什么不能忍的呢？

战国时期魏国人西门豹，性情非常急躁，他常常扎一条柔软的皮带来告诫自己。魏文侯在位时，他做了邺县令。他时时刻刻提醒自己，要努力克服暴躁的脾气，要忍躁求稳求安静，才能在邺县做出成绩。

只有正确认识自己，才不会盲目地让自己奔向一个超出自己能力范围的目标，而是踏踏实实地去做自己能够做的事情。

唐朝人皇甫嵩，字持正，是一个出名的脾气急躁的人。有一天，他命儿子抄诗，儿子抄错了一个字，他就边骂边喊，叫人拿棍子来要打儿子。棍子还没送来，他就急不可待地狠咬儿子的胳膊，以至咬出血来。后来，他也意识到这样急躁对人对己都没有好处，便开始学习忍耐。

如此性情急躁的人，怎么能够宽容别人呢？倘若这样教育后代，能教育好吗？相反，忍躁不乱才能成就大事，东汉时的刘宽，就是这样的一个人。

汉桓帝时，刘宽由一个小小的内史迁为东海太守，后来又升为太尉。他性情柔和，能宽厚待人。有一次，刘宽正赶着上朝，时间很紧，他把衣服穿好，夫人想试试他的韧性，就让丫鬟端着肉汤给他，故意把肉汤打翻，弄脏了刘宽的衣服。丫鬟赶紧收拾盘子，刘宽表情一点也没有变化，还慢慢地问道："烫伤了你的手没有？"他的性格气度就是这样。其实汤已经洒在了身上，时间也确实很紧，即使是将失手洒汤的人骂一顿，打一顿，时间也不会夺回来，急又有什么用处呢？倒不如像刘宽那样，以自己的容人雅量，从容对事。

明朝宣德和正统年间，赵豫任松江知府。他对老百姓嘘寒问暖，关怀备至，深得松江老百姓的爱戴。

赵豫处理日常事务有他自己的一套方式。每次见到来打官司的，假如不是很急的事，他总是慢条斯理地说："各位消消气，明日再来吧。"开始的时候,大家对他的这套工作方法不以为然,甚至还暗地里编了一句"松江知府明日来"的顺口溜来讽刺他。这句顺口溜慢慢地在老百姓中间流传开来,老百姓见到他都叫他"明日来"。听到这个绰号,赵豫总是仁慈地笑笑,从不责备叫他绰号的人。

赵豫曾对人说起过"明日再来"的好处:"有很多人来官府打官司,是乘着一时的愤激情绪,而经过冷静思考后,或者别人对他们加以劝解之后,气也就消了。气消而官司平息,这就少了很多的恩恩怨怨。"

"明日再来"这种处理一般官司的做法,是合乎人的心理规律的。以"冷处理"缓和情绪,不急不躁,才能理智地对待所发生的一切,避免不必要的争执,忍一时的不冷静,对人对己都有好处。

在我们的生活中,一个人倘若能够控制自己心中的浮躁,才会有耐心与毅力一步一个脚印地向前迈进,才不会因为各种各样的诱惑而迷失方向,才会制定一个又一个小目标,然后一个接一个地实现它,最后走向大目标。

幸福寄语

一个人如果心浮气躁,静不下心来做事,不仅可能一事无成,更可能会铸成大错。一个有事业心的人一定要懂得修身养性,培养自己的浩然之气、容人之量,保持自己的高远志向,同时还要抑制自己急躁的脾气和暴躁的性格。

忍耐是一种沉淀

在人际交往中,不以爱恶喜厌定交往对象,是一种处世为人的智慧。

如果你的家人、朋友和同事中有很多你看不顺眼的人，这就说明你自己是个很任性的人。倘若总是"以恶为仇，以厌为敌"，久而久之你将会无路可走，自身也会成为众矢之的。唯有不任性，方能容忍他人的缺点。

人们自身的缺点，可以说是与生俱来的。人非圣贤，孰能无过。容忍要表现在平日的工作中，在工作中对他人显露出来的缺点，要付之以含蓄的一笑，不着痕迹。每个人都有缺点，要学会以平和的心态应对，不要斤斤计较，更不要耿耿于怀。要让对方明白，容忍不是忽略，更不是放纵。

俗话说"忍一时风平浪静，退一步海阔天空"。所以做人要懂得忍让，只有懂得忍让的人才能成就一番业绩。做人还要学会忍辱负重，就是要能够忍气吞声地处世。

忍耐是一种美德，是一种姿态，是一种境界，是一种思想的沉淀。忍耐并非懦弱，也并非是没有原则的容忍，也不是什么"江湖义气"，更不是姑息养奸。忍耐可以宁静，宁静可以致远。人有时愚，小气不愿咽，大祸接踵来。一时不忍，铸成大祸，不仅伤人，而且害己。

凡事能忍者，不是英雄，至少也是达士；凡事不能忍者，纵然有点愚勇，终归城府太浅，伤及自身。忍耐的至理箴言就是"吃亏人常在，能忍者自安"、"小不忍则乱大谋"。百忍成金，人应该为自己的快乐而活着，千万不要拿别人的错误来惩罚自己。

韩信是中国古代的一位名将，可以说是家喻户晓，妇孺皆知。其武功盖世，称雄一时。他也是一位善用以柔克刚之术的人。

韩信在还没有成名之前，虽然很有才华，但他并不恃才傲物，目中无人。相反，倒是谦和柔顺，能屈能伸。

有一天，韩信正在街上行走。忽然，面前冒出三四个地痞流氓。只见他们抱着肩膀，叉着双腿，趾高气扬地眯着眼睛斜视韩信。韩信先是一惊，随即便抱拳拱手道："各位仁兄，莫非有什么事吗？"

其中一个人朝着韩信撇了撇嘴，怪笑道："哈哈，仁兄？倒挺会说话，哈哈，我们哥们儿是有点事找你，就看你敢不敢做啦！"

面对此人的挑衅，韩信依然很平静地说："噢？不知是什么事，蒙各位抬爱竟看得起我韩信？"

那些人都哈哈地大笑起来，刚才说话的那个人又说："哈哈哈，什么抬不抬的，我们不是要抬你，而是要揍你，哈哈哈……"其他人也跟着怪声怪气地笑着，并且还指着韩信不停地嘲笑。

韩信看看他们，依旧是一副平心静气的样子问："各位，不知在下哪里得罪了大家？你我远日无仇，近日无冤，为何要揍在下，实在令在下如坠雾中，摸不着头脑。"

那人怪笑三声，说："不为什么，只是听说你的胆子很大，今天我们几个想见识见识，看你到底有多大的胆子，是不是比我们哥们儿胆子还要大！"

韩信一听：这不是没事找事嘛，故意为难自己。他心中很是气愤，却又忍住了怒火，脸上赔笑道："各位，想是有人信口误传，我韩某人哪里有什么胆识，又岂能跟你们相提并论？我没有胆识，没有胆识。"

那群人轻蔑地望着韩信，听他这样说，依然不肯放他过去。那领头之人突然"当"一声将宝剑抽出来，往韩信面前一扔，将头向前一伸，对韩信说："看你老实，今天我们不动手，你要有胆识，你把剑拿起来，砍我的脑袋，那就算你小子有种。要不然嘛，你就乖乖地从我的胯下钻过去。"

韩信望望地上亮闪闪的锋利宝剑，又看了看面前叉腿仰头而立的地痞头头，皱了皱眉。围观的人早已纷纷议论，都非常气愤，让韩信去拿剑宰了这狂妄的小子。

韩信暗暗地咬了咬牙，却并没有去拿那把剑，而是缓缓地蹲下身子，从那人的胯下爬了过去。众人无不惊愕，连那群流氓也怔在那里发呆。而韩信呢，却站起身掸掉尘土，头也不回地扬长而去。

从此以后，那群流氓再也没找过韩信的麻烦。后来，当韩信功成名就的时候，又提拔当年的那个流氓作了小小的官吏，那人自然是感恩戴德，尽心尽力。

从这个故事中，我们可以悟出以柔克刚的道理。我们可以想一想，如果面对那些人的挑衅，韩信火冒三丈，一怒之下拾剑杀了那个人，那么，双方之间必然会有一场恶战。胜负难料不说，纵使是韩信胜了，也免不得要吃官司。凭空出横祸，怕是英年早逝，误了锦绣前程。所以说："小不忍则乱大谋。"该忍的时候就忍，该柔的时候就柔，这才是成大事者所应具备的素质。

幸福寄语

忍耐是一种美德，是一种思想的沉淀。忍耐并非懦弱，并非是没有原则的容忍，也不是什么"江湖义气"，更不是姑息养奸。忍耐可以宁静，宁静可以致远。一时不忍则可能铸成大祸，不仅伤人，而且害己。

放弃抱怨，用实力证明自己

在生活中，我们的身边充满了各种各样的抱怨：抱怨孩子不懂事，抱怨家人不体谅自己，抱怨付出多、薪水低，抱怨上级不公平，抱怨公司制度不合理，抱怨人生不如意……有的抱怨是我们说给别人听的，有的抱怨是别人说给我们听的。但是，几乎没有人叩问过自己：为什么会有这么多抱怨呢？

抱怨是生活的慢性毒药。当我们不停地抱怨的时候，我们的人生态度、行动能力都会被感染，变得萎靡不振，止步不前。在充满抱怨的生活中，我们的意志不断受到消磨，就像蚂蚁溃堤一样，精神之堤也慢慢地被吞噬，最后化为乌有。我们就像陷入了抱怨的泥潭，无法自拔，不知道如何走出抱怨的世界，重新给自己一个完美的世界。

葡萄牙作家费尔南多·佩索阿说："真正的景观是我们自己创造的，因为我们是它们的上帝。我对世界七大洲的任何地方既没有兴趣，也没有真正去看过。我游历我自己的第八大洲。"就像费尔南多·佩索阿说的那样，在生活中，我们才是自己的上帝，我们在创造自己的完美世界。

远离抱怨，我们才能站在自己生活的原点改变自我，发现一个全新的自己，从而改变自己的命运，收获成功的喜悦和幸福的生活。

日本前内阁邮政大臣野田圣子，虽然出身高贵，但从事的首份工作却是在酒店做保洁员，专门清洁厕所，每天要把马桶抹得光洁如新才算合格。

开始几天，她很讨厌这份工作，马马虎虎地应付着。

有一天，她看见与她做同一种工作的前辈在抹完马桶后，居然伸手舀了一大杯厕水，当着她的面一饮而尽，告诉她，清洁合格的马桶，干净得连里面的水都可以喝。

这件事使野田圣子深受震撼，她意识到自己的工作态度有问题。她暗自下定决心，一定要把第一份工作做得像前辈一样出色。

几个月后，当野田圣子结束保洁员工作时，她得到的评价比那位前辈还要好。这次经历，使野田圣子养成了认真做事的好习惯，为她以后的事业进步打下了坚实的基础，在37岁时，野田圣子当上了日本内阁邮政大臣。

在这个世界上，没有人一生下来就能够获得成功。成功者都是把别人喝咖啡的时间用在学习和提高效率上。当别人在睡懒觉时，他在看书学习；当别人在侃大山，他在听讲座；当别人在网上游戏和八卦，他却打开网站浏览新资讯……别人不停地消磨掉自己的时间，他却一直在提升自己，修养自己。这样的人，想不成功都难。

20世纪60年代，考古学家们在意大利卡塔尼山发现了一块墓碑，碑文大意如下：

有一个名叫杰西克的人，来叙拉古城游学。经过卡塔尼山时，看到山上有一只老虎。进城后，杰西克便对人们说，山上有一只老虎，上山时要小心。可是没有人相信他，因为这里从来没有发现过老虎。杰西克一再坚持，并向人们描绘老虎如何凶猛。但是任凭他费尽口舌，人们仍然不相信。最后杰西克说："既然你们不信，那么我带你们去看看。"

当时柏拉图和他的几个学生也在叙拉古城，师徒一行人和杰西克一起上了山。但是一连几日，始终没有发现老虎的踪迹。面对人们怀疑的眼光，杰西克一边抱怨人们不相信他，一边对天发誓说，当天他确实见到了老虎。人们却说："当时你的眼睛被魔鬼蒙住了。倘若你再坚持说见到了老虎，人们就会说叙拉古城来了一个撒谎的人。"

杰西克非常生气，他说："我从来没有撒过谎！我真的见到了一只老虎。"为了证明自己的诚实，杰西克逢人便说他没有撒谎，并抱怨那些不相信他的人。到最后，人们见到他就躲，甚至认为他是个疯子。

这实在让杰西克无法忍受。他买来一杆猎叉，独自上山寻虎。他发誓，一定要找到老虎，把它打死，拖回来让人们看看。

结果杰西克一去就再也没有回来。几天后，人们在山中发现了一堆破碎的衣服和一只脚。法官验证后说，杰西克是被一只重量为500磅左右的老虎吃掉的。

杰西克没有撒谎，也不是疯子。可是，用死来证明这一切，代价未免太高了。证明自己是大多数人的自然愿望，然而世上许多不幸，都发生在人们急于向别人证明的过程之中。其原因就在于人们太在乎世俗的眼光，而抱怨则会让人走入极端。

如果你是出色的，即使你不去证明，别人也会看到；如果你是平庸的，无论你怎么证明，你也无法蒙蔽群众雪亮的眼睛。如果你是出色的，却仍然刻意地去证明自己，可能就会招致没必要的麻烦，比如引来小人的忌妒；如果你是平庸的，却费尽心思地试图证明自己并不平庸，那么别人看到的只会是一个跳梁小丑。所以，那些真正出色的人，是绝不会刻意去证明什么的，更不会因此走向极端。

即使是在利益受损、人格受辱的情况下，他们也从不抱怨，从不执着于证明什么。但这并不代表他们不会保护自己、不会反击。他们的理，是最坚固的盾；他们的智，则是最锋利的矛。

有一段时间，驰名法国的瓦利也杰剧院由于剧目质量较差，上座率不断下降。剧院经理很着急，他找到著名作家大仲马，请他迅速赶写一个新剧本，争取提高上座率。剧院经理信誓旦旦地说，只要新剧本前26场演出能够卖到6万法郎，剧院保证付给大仲马1000法郎的高额稿酬。

大仲马夜以继日地写好了新剧本，并且取得了预期的良好效果。剧院经理看着滚滚而来的钞票，不由得心花怒放。

剧本演出到第26场时，大仲马来到剧场经理办公室，准备领取1000法郎的稿酬。

"尊敬的大仲马先生，非常抱歉，我不能付给您报酬了，因为26场演出，我们只卖了59999法郎。要不，我给您100法郎吧！"经理毫无诚意地说。

"真的吗？"大仲马非常平静地问道。

"我以上帝的名义起誓！"经理故作庄重。

"好吧。"大仲马微笑着点点头，然后走出了办公室，身后传来经理的开怀大笑声。不过一会儿时间，大仲马再次走进了经理办公室。

"尊敬的大仲马先生，您是来拿100法郎的吧？"经理促狭地笑着，然后从抽屉里拿出一小叠钞票，递到大仲马面前。

"不！我是来拿1000法郎的！"大仲马扬了扬自己的右手——手中是一张3法郎的门票！原来，大仲马刚才直接找到售票处，买了一张戏票。

"无赖的经理先生，这张戏票3法郎，加上您刚才说的59999法郎，已经超过了6万法郎！"

无可奈何的经理只好打开钱箱，如数把钱付给大仲马。

试想一下，如果大仲马执着于抱怨，或者执着于证明剧院经理在撒谎，甚至怒不可遏地教训对方一番，他能够顺利地拿到稿酬吗？恐怕还要负法律责任吧！所以，即使是对付那些言而无信、违背规则的人，我们也应该放下愤怒和冲动，冷静下来，然后运用自己的智慧，想办法让对方乖乖就范。

无论是为了证明自己，还是为了解决问题，一味地抱怨只会让你失去正常的理智。如果不希望事情继续恶化，就必须放弃抱怨，用实力证明自己，用理智解决问题。要永远记住一点，我们的最终目标是解决问题，而不是发泄情绪。

幸福寄语

在生活中，我们的身边充满了各种各样的抱怨。抱怨就像一种慢性毒药，时时腐蚀着我们的灵魂。抱怨于事无补，我们要学会以平静而从容的姿态去面对生活，用自己的实力来证明自己。

...第9章

莫让精明偷走你的幸福感

太过聪明，你只会沦为孤家寡人

在现实生活中，糊涂处世往往会让你赢得好人缘。可以说，懂得糊涂的人总是能够笑到最后。

糊涂不是浑浑噩噩，而是指为人处世要大度，拿得起，放得下。事实上，真正聪明的人都是能够懂得适当糊涂的。不管遇到什么样的事情，绝不自作聪明。看似是装糊涂，其实早已心知肚明，只是不去戳穿事实而已。因此，不论身处什么样的环境，他们总是可以得心应手，逍遥自在。

在中国人的处世之道中，很经典的一条就是"难得糊涂"。之所以"难得"，是因为人的本性是喜欢较真儿，一心想知道事情的真相。而聪明的做法是，有时不要太较真，要懂得糊涂处世。

战国时期，楚王在京师大宴文武百官。由于打了胜仗，很是高兴，楚王叫他的两位爱妾给大臣敬酒。忽然刮了一阵风吹灭了所有的蜡烛，顿时漆黑一片。这时，席上一位官员趁机拉了楚王爱妃许姬的衣袖。许姬扯断了他的帽带。回到座位上以后，她就在楚王耳边悄悄地说道："刚才有人趁机调戏我，我扯下了他的帽带。点亮蜡烛以后，看谁没有帽带，就知道是谁了。"楚王听了以后，却没有马上命人点蜡烛，而是对各位大臣说："我今晚一定要和各位开怀畅饮。来，大家把帽子摘了，痛饮一场。"

点亮蜡烛以后，所有的人都没有戴帽子，也就看不出谁是谁了。后来楚王讨伐郑国，有一位将领独自率领几百人，为三军开路，威震敌胆，立下了赫赫战功。他就是当年调戏许姬的那一位将领，他发誓要毕生效忠楚王，因为楚王没有怪罪于他。

试想，如果楚王当时就要给妃子出气，查清是谁干的，结果会怎样？不用说，这位调戏妃子的将领必会受到惩罚。楚王的聪明之处就在于，他

第9章 莫让精明偷走你的幸福感

抛开了追究到底的常情,从长远考虑,得到了一颗对自己至死不渝的忠心。

由此我们可以看出,所谓的糊涂处世是指拥有一颗包容的心,是一份不斤斤计较的洒脱。这样做并不是真正的糊涂,而是已经将事情看得很清楚了,只是由于某种原因,不便于直截了当。有时遇到的一些事情,没必要说得太明白,给自己和对方都留有余地,才不至于把关系搞得太紧张。

人不能活得太糊涂,但也不能什么都明白,有谁能够万事都通达?水至清则无鱼,太明白了会失去人生的滋味,太糊涂会失去作为万物之灵的人生意义。

人不要自作聪明,在别人面前适当地表现得傻一些,糊涂一些。该糊涂的时候就糊涂一下,该明白的时候也不时糊涂一下。用糊涂藏起自己的锋芒,为人处世应当外圆内方。小聪明可以招人喜欢,受到别人的赞赏,但过多的聪明,则会惹来横祸,所谓树大招风。

约瑟夫·沙巴士是芝加哥的一名法官,他仲裁过四万多件不愉快的婚姻案件。他曾感叹地说:"大部分婚姻生活不美满的原因,通常都是由一些小事情引起的。"还有一名地方检察官也说道:"在我们的刑事案件中,有很多都是起因于一些很小的事情。比如,在酒吧里说话侮辱别人,行为粗鲁不讲礼貌,最后才导致伤害发生的。许多犯了错的人,都是因为自尊心受到了小小的伤害,就控制不住自己,结果酿成了错事。"

一个人不该为小事情忧虑,如果希望求得心理上的平静,就要学会对一些小事耸耸肩,学会看淡它,那么我们就可以算得上是一个成熟的人了。因为只有当一个人的注意力不再聚焦在身边发生的一些小过失上时,那他就拥有一种可以轻松生活的资本了。

要不被小事困扰,只需要把自己关注的焦点转移开就可以了,比如让自己注意一些可以令自己开心的东西,做一些能令自己变得更好的事情。这样在短促的一生中,我们才不会因自己浪费了不必要的时间而伤心后悔。就如吉布林所说:"生命是这样的短促,已经无暇顾及小事了。"

有位智者说:"在我们的生活中,约有百分之九十的事情是好的,百分之十的事情是不好的。如果你想过得快乐,就应该把精力放在这百分之九十的好事上面；如果你想担忧、操劳，就把精力放在那百分之十的坏事情上面。"的确，如果我们能放手那百分之十的小事，那么你就能够过得舒心快乐。

林肯说过："人只要心里决定快乐，大多数都能如愿以偿。"快乐是发自内心的，它的产生不全依赖于外物，而是由于个人所产生的态度和观念决定的。如果我们能放弃不快乐的来源——过度的自尊，那你就能在交通堵塞或被踩脚指头这类小事上避免火冒三丈。

没有糊涂就没有聪明，聪明绝顶不如糊涂一时，所谓"大智若愚"；没有屈便没有伸，屈与伸相生而存，能屈能伸方为大丈夫。山重水复疑无路，柳暗花明又一村，太聪明的人总是看不清远方的路，只有学会糊涂才敢大胆往前迈步。在这个世界上，如果你善于糊涂，那么你便能够赢得很多朋友；如果你懂得太多，看得太透，你将会成为世界上最寂寞的人。

幸福寄语

很多时候，糊涂处世往往能够助你赢得好人缘。在这个世界上，真正聪明的人才懂得糊涂的真谛，这些谓之"大智"；一心想要崭露头角，锋芒毕露的人，只能成为"小智"，往往会受到各种阻挠。不管遇到什么样的事情，绝不自作聪明。看似糊涂，其实早已心知肚明。

糊涂，帮你打造简单生活

中国有句俗语叫作"难得糊涂"。但凡在生活中有了点成绩、作出点贡献的，或者那些自以为属于聪明的人都遵循"难得糊涂"的生存原则。真正聪明的人很难犯迷糊，所谓"由聪明转入糊涂更难"，因为他头脑太清醒了，涉及自身利益的事情总要争个明白。聪明的人其实更应该多犯几次糊涂。

从古到今，除了那些傻子白痴之类的人，能认识几个字、知道点人生道理、懂点人情世故外，哪个人不认为自己是属于人精一类？正是那些表面上看着木呆呆的、傻呵呵的，半天不吭一声，看着像个榆木疙瘩的，人们都不说他们糊涂，而是说"大智若愚"、"大巧若拙"。所以，在这个社会中，人人都精明得像峨眉山上的猴子，只有玩人的分，哪有被人玩的分，你找不到一个真正糊涂的人。

为什么那些头脑极其灵光的人，有时候偏要让自己装成糊涂模样？他们到底在耍什么把戏呢？

《红楼梦》中的王熙凤给了我们一个明确的答案：聪明反被聪明误。

王熙凤何等冰雪聪明，简直就是人中之精，恐怕这世上没几个男人能比得上她。她八面玲珑，处世圆滑，外柔内刚；她表面向你微笑，心里却在给你下了一个套子。一个看上她美色的贾瑞被她的计策整得一缕孤魂上青天；一个看上她老公的尤二姐被她的两面三刀给逼得吞金自尽；而她的"偷梁换柱调包计"李代桃僵，则送掉了颦儿脆弱的性命。

王熙凤的能耐，大到整个荣宁两府在她的整治下都服服帖帖，一个秦可卿出殡这样的大事到了她手里简直是小菜一碟。她能说会道，贾府上下没有不佩服她的。

可王熙凤却是一个精明过头的女人，精明到处处好强、事事争胜，哪儿都落不下她，终于得罪了大太太。加之贾母撒手人寰，她的靠山没了，终于落得"聪明反被聪明误，反送了卿卿性命"。

红学家感兴趣的是这样一个精明能干的女人最终结局如此悲惨，全在于她毕竟是一介女流，毕竟没有看透官场上的处世哲学——难得糊涂。她被她的聪明、她的锋芒毕露给害了。

据说东汉末年有个叫杨修的人。他博学能言，知识过人，后来成为曹操门下掌库的主簿。他自认为才高八斗，就小看天下之人。

一次，曹操建一座后花园。快竣工时，曹操去观看。转了一圈，临走时什么也没说，只在花园大门上写了一个"活"字。一见此景，大家都摸不着头脑，就去请教杨修。杨修笑着说："门内添活字，乃阔字也。丞相是嫌你们把园门造得太宽大了。"工匠们恍然大悟，于是返工重建。后来又请曹操验收，曹操看了非常高兴，问道："谁明白了我的意思？"左右回答道："是杨主簿！"曹操虽表面上称好，而心里却开始忌讳。

　　后来，有人送了一盒精美的酥给曹操。曹操没有吃，只是在礼盒上写了三个字"一盒酥"，就放在案头上，出去了。有的人没理会这件事，有的人不明白他的意思，不敢妄动。这时正好杨修进来看见了，便大大咧咧地走向案头，打开礼盒，让大家把酥饼分吃了。曹操进来，看大家正在吃，脸色有点不好看了，便问："为何吃掉酥饼？"杨修上前答道："我们是按您的吩咐吃的。"曹操又问："此话怎讲？"杨修从容地说："酥盒上写着'一人一口酥'，分明是赏给大家的，难道我们敢违背命令吗？"曹操见杨修又识破了自己的心意，表面上乐呵呵，心里却对他突生厌恶之情。

　　曹操的疑心很重，害怕别人在暗中谋害他，曾对身边的人说："我在梦中好杀人，我睡觉时，你们千万不要靠近我。"一天，他故意装睡，杀了自己身边的侍卫。人们都以为曹操真是梦中杀人，只有杨修识破了他的意图，临葬时指着侍卫的尸体叹息道："丞相非在梦中，君乃在梦中耳！"曹操听到后更加厌恶杨修。

　　杨修最后一次表露聪明是在曹操自封为魏王之后。曹操出兵汉中进攻刘备，因于斜谷界口，心中犹豫不决，正碰上厨师送来鸡汤。他见碗中有鸡肋，因而有感于怀。觉得自己眼下犹如碗中的鸡肋，"食之无肉，弃之可惜"。于是，曹操随口就说："鸡肋，鸡肋。"此时夏侯惇进来请问夜间口令，听曹操这么说，就传令"鸡肋"下去。杨修听见"鸡肋"，就叫随行人收拾行李，准备回程。夏侯惇问他为什么，他说："鸡肋，吃着没肉，丢了觉得可惜。魏王的意思是现在进不能胜，退又害怕让人笑话，在此没有好处，不如早归。明天魏王一定会下令班师回朝的。"于是，将领们都准备返回。

　　曹操发现了这一切，就叫杨修过来问话，杨修便以鸡肋的意思对答。

曹操大怒说："你怎敢制造谣言，乱我军心！"说完便喝刀斧手将他推出去斩了。

可以说，正是杨修的自作聪明使他成了刀下鬼。他的聪明使他招人赞赏，但他太滥用自己的聪明，最糟糕的是他自作聪明，动不动就表现出来，这样终究是会被人忌妒的，最终给自己招来了杀身之祸。

人生在世，得得失失，纷纷扰扰就在眼前，又有几人能够看透这一切呢？有句话说得非常好：不如意事十有八九，可与人言无二三。在生活中，为人处世总有许多磕磕绊绊，即便是心中有万丈光芒，拿出来的也不过是一丁点儿亮。于是，做起事情来，总觉得是被拘束着。但是，倘若你能够学会糊涂处世，就可以减少许多烦闷，让自己身心俱轻。

幸福寄语

人生在世，得得失失，纷纷扰扰尽在眼前，又有几人能够看透这一切呢？聪明的人不会表现自己的聪明，而是会隐藏自己的锋芒，这就是所谓的"大智若愚"。一个人如果能够学会糊涂处世，那么就可以减少许多不必要的烦闷，让自己身心俱轻。

小事糊涂，大事清楚

沧海横流，方显出英雄本色，在千钧一发的节骨眼上，平时"难得糊涂"表现平平的吕端该出手时就出手了。宋太宗驾崩之日，吕端用计策把继高骗到书库反锁起来，径自到宫里晋见皇后。皇后想要和吕端商议嗣位事宜，吕端态度坚决地回答说："先帝在位时就决定立下太子，就是为了未雨绸缪防患未然，这属于国家的大政方针，国之根本，根本就没有什么商量的余地。"

皇后一介女流，本没有什么主见，这会儿又没有继高在旁边给她支招，再一听吕端说得义正词严，没奈何只得作罢。

紧接着，吕端立马召集文武百官举行太子登基大典。吕端掀开皇帝龙椅前的垂帘确认是太子后，才亲率众大臣一起参拜新君。等到那个傻兮兮的阉人继高从书库被放出来时，新皇早已登基，一切生米煮成熟饭，他已经回天乏术了。

正如宋太宗的先见之明，吕端处理小事的水平虽然不怎么样，但是一旦涉及朝政大事和社稷安危，他都能当机立断毫不含糊，这样的人才是国家的栋梁之才。

有一次，裴遐到东平将军周馥的家里做客。周馥命家人设宴款待裴遐，他的司马负责劝酒。由于裴遐与人下围棋正在兴头上，对司马递过来的酒没有及时喝，为此司马非常生气，以为裴遐是故意怠慢他，顺手便拖了裴遐一下。不料裴遐没有留意被拖倒在地，其他人见状都吓了一跳，以为裴遐会难忍这种"羞辱"而对司马勃然大怒。谁知裴遐慢条斯理地爬起来，举止不变，表情安详，好像什么事情都没有发生一样，继续与人下棋。

后来王衍问起裴遐，当时为什么还能镇定自如、举止安详。裴遐回答说："仅仅是因为我当时很糊涂。"

现实生活中很少有人能达到像裴遐一样的境界，很多人常常因为一点小事就要剑拔弩张、恶言相向，即使在公共场合遇到这种情况也不感到意外。

人际交往过程中，没必要将事事分析得滴水不漏，小事上糊涂一些，不要太过于在意计较。这样，不但可以增加彼此间的信任，还可以增进彼此间的感情，加快相互交往的速度。每个人一生要经历很多事情，如果事事都要认真盘算，势必会使自己筋疲力尽。所以，在一些小事上最好装得糊涂点，得过且过就可以了，尤其是面对个人名利问题，更应该如此。要做到应该清醒的时候就清醒，应该糊涂的时候就糊涂，有时稀里糊涂地度日不失为一件非常快乐的事情。当然，遇到大事不但不能糊涂，而且一定要铆足精神、开动脑筋思考解决之道。

大智若愚,即小事愚、大事明。这是一种很高的修养。愚,并非自我欺骗或自我麻醉,而是有意糊涂。由聪明而转糊涂,由糊涂而转聪明,则必左右逢源,不为烦恼所扰,不为人事所累。

宋代宰相韩琦以品性端庄著称,为人宽容大度,却从来不曾因为有胆量而被人称许过。可是在下面两件事上的神通广大,实在是没有第二个人可比,这才是"真人不露相"的注脚。

宋英宗刚死的时候,朝臣急忙召太子进宫。太子还没到,英宗的手又动了一下,宰相曾公亮吓了一跳,急忙告诉宰相韩琦,想停下来不再去召太子进宫。韩琦拒绝说:"先帝要是再活过来,就是一位太上皇。"韩琦越发催促人们召太子,从而避免了权力之争。

担任入内都知职务的任守忠很奸邪,在皇帝和太后间进行挑拨离间。有一天韩琦出了一道空头敕书,参政欧阳修已经签了字,参政赵概感到很为难,不知怎么办才好。欧阳修说:"只要写出来,韩公一定有自己的说法。"韩琦坐在政事堂,用未经中书省而直接下达的文书把任守忠传来,厉声指责道:"你的罪过应当判死刑,现在贬官为蕲州团练副使,由蕲州安置。"韩琦拿出了空头敕书填写上,派人当天就把任守忠押走了。要是换上另外的爱耍弄权术的人,任守忠会轻易就范吗?显然不会,因为他也相信一贯诚实的韩琦,不会怀疑其中有诈。这样,韩琦轻易除去了蠹虫。

在现实生活中,确实有许多事不能太认真、太较劲儿,特别是涉及人际关系。人际关系大都错综复杂,盘根错节,太认真,不是扯了胳膊,就是动了筋骨,越搞越复杂。

顺其自然,装一次糊涂,不丧失原则和人格,为了长远的利益暂时忍一忍,受点委屈也值得。有时候,事情逼到那个分上,就玩一次智慧,表面上给他个"模糊数学",让他丈二和尚摸不着头脑。一个聪明的人不应该对什么事情都斤斤计较,应该糊涂的时候就糊涂、不计较,糊涂地处置一些不关大局的小事情;但是,对重要问题、原则问题,就不能糊涂,就应该聪明一点。

真正有"心计"的人，并非时时处处都工于"心计"，他们看问题能抓住主要环节，对主要环节能全力以赴，精明待之；而对于无关的次要环节，则又能糊涂为之。

古时有一老翁，住在两国的边境上。一天他不小心丢了一匹马，邻居们都认为是件坏事，非常替他惋惜。老翁却说："你们怎么知道这不是件好事呢？"众人听了之后大笑，认为老翁丢马后急疯了。几天以后，老翁丢的马又自己跑了回来，而且还带回胡人的骏马。邻居们看了，都十分美慕，纷纷前来祝贺这件从天而降的大好事。老翁却板着脸说："你们怎么知道这不是件坏事呢？"大伙听了，哈哈大笑，都认为老翁是被好事乐疯了，连好事坏事都分不出来。过了几天，老翁的儿子骑新来的马玩，一不小心把腿摔断了。众人都劝老翁不要太难过，老翁却笑着说："你们怎么知道这不是件好事呢？"邻居们都糊涂了，不知老翁是什么意思。事过不久，发生战争，所有身体好的年轻人都被拉去当了兵，派到最危险的第一线去打仗。而老翁的儿子因为腿摔断了未被征用，他在家乡大后方安全幸福地生活着。

这就是老子《道德经》所宣扬的一种辩证思想，万事都有两面性。正是基于这种辩证关系，即使看起来是坏事，也能为你带来想不到的好处。

生活中总有一些聪明人，能够从吃亏中学到智慧，因此"吃亏"也是一种生存方式。人们常说"知足常乐"，做人要安分守己。"知足"则会对一切都感到满意，对所得到的一切，内心充满感激之情；"安分"则使人从来不奢望那些根本就不可能得到的或者根本就不存在的东西。没有妄想，也就不会有邪念。所以，表面上看来"吃亏是福"以及"知足"、"安分"会给人以不思进取之嫌，但是，这些思想也是在教导人们能成为对自己有清醒认识的人。

幸福寄语

作为一个聪明人，最好在一些小事上，得过且过。要做到应该清醒的时候就清醒，应该糊涂的时候就糊涂。当然，遇到重大事件的时候不但不能糊涂，而且一定要铆足精神、开动脑筋思考解决之道。

适时糊涂，方能赢取快乐

人生难得糊涂。所谓糊涂，不是脑袋进水，而是表面糊涂、内心清明的大智若愚。想得开，放得下，朝前看，这样才能从琐事的纠纷中超脱出来。糊涂的人，将智慧深埋于心中，面对过于复杂的世事，简单做人、简单做事，逢人不急，遇事不恼，用难得糊涂的智慧，酿造生活的醇厚佳酿。

生活要过得称心如意，关键是要做精神上的强者。在狂风暴雨中，哪怕被吹倒了，也要敢于在泥泞中匍匐前进；纵然是历尽千辛万苦，哪怕是被压倒了，也要敢于在重压下顽强地挺立；寂寞孤独中，哪怕被愁倒了，人也要敢于在忧郁中放声高歌；漫漫长路上，哪怕被击倒了，人也要敢于在血泊中展现生命的最后华彩。

人生就是这样：和阳光的人在一起，心里就不会晦暗；和快乐的人在一起，嘴角就常带微笑；和进取的人在一起，行动就不会落后；和大方的人在一起，处世就不小气；和睿智的人在一起，遇事就不迷茫；和聪明的人在一起，做事就变得机敏。借人之智，完善自己。学最好的别人，做最好的自己。

人生不会时时处处都是你的机会点。当命运的摩天轮将你转入人生的低谷时，千万不要怨天尤人，觉得不公平；当命运的摩天轮将你送上高点时，你一定要抓住这个机会，尽情地饱览无边风景；即使命运的摩天轮没有将你送到最高点，你也要尽量静下心来，面对眼前的风光，可能会有新的发现。

一天晚上，阿尔盖比先生应邀参加一次宴会。席间，坐在他旁边的一位先生侃侃而谈，讲起了幽默故事。忽然，阿尔盖比听出他犯了一个错误，他居然说"三人行，必有我师焉"这句话是出自《圣经》！

"你错了！"阿尔盖比先生立即大声否定道，"这句话出自中国的《论语》！"

"是《圣经》！"那位先生一时下不来台，不得不跟他据理力争起来。

"绝对是《论语》！"阿尔盖比以非常肯定的口气重复道，然后把头转向了左边的一位熟人，"法兰克，你说是不是？"

法兰克清了清嗓子，装作思考的样子慢慢地说道："我想，那位先生是对的，这句话是出自《圣经》。"说着，他在桌子底下使劲踩了阿尔盖比一脚。

看到朋友这样不给自己面子，阿尔盖比只好气鼓鼓地不说话了。而那位先生，则非常得意地扬扬眉毛，接着讲了下去。

晚宴结束后，阿尔盖比追着法兰克跑了出来。

"法兰克，你明明知道我是对的！"他气呼呼地冲朋友喊道。

"没错，你是对的，这句名言出自中国的《论语·述而》。"法兰克肯定道。

"那刚才你为什么要否定我，你知不知道你那么做让我非常难堪？"阿尔盖比既不解又气恼地质问道。

"我当然知道，而且我还知道，你那么做也让那位先生非常难堪。"法兰克说道，"亲爱的阿尔盖比，我们都只是宴会上的客人，你有什么必要非得证明他错了呢？那样他会喜欢你吗？为什么不跟大家一样装装糊涂，保留住他的面子呢？这样既不得罪他，又会让餐桌上充满笑声，这难道不是很好吗？"

春秋时，齐国有位智者叫隰斯弥。当时当权的大夫是田成子，颇有窃国之志。

第9章 莫让精明偷走你的幸福感

一次，田成子邀他谈话时，两人一起登临商台浏览景色。东西北三面平野广阔，风光尽收眼底，唯南面却有一片隰斯弥家的树林蓊蓊郁郁，挡住了他们的视线。

隰斯弥谈话结束后回到家里，立即叫家仆带斧锯去砍树林。可是刚砍了几棵，他又叫仆人停手，赶快回家。家人望着他感到莫名其妙，问他为什么颠三倒四的？

隰斯弥说："国之野唯我家一片树林突兀而列，从田成子的表情看，他是不高兴的，所以我回家来急急忙忙想要砍掉。可是后来一转念，当时田成子并没有说过任何表示不满的话，反而十分笼络我。田成子是一个非常有心计的人，他正野心勃勃要谋取国位，很怕有比他高明的人看穿他的心思。在这种情况下，我如果把树砍了，就表明我有知微察著的能力，那会使他对我产生戒心。所以不砍树，表明不知道他的心思，就算有小罪而可避害；砍了树，表明我能知人所不言，这个祸闯得可就太大啦！"

这是一种典型的自保之术，所谓"察见渊鱼者不祥"是也。因此有时"事不关己，高高挂起"，自有其一定的合理性。

有一天，唐太宗为了审察文官中是否有贪官污吏，悄悄叫心腹拿国库绢去试贿。有一个管官门的官吏不知，受了一匹，立即被抓起来说要将其处死。

裴矩对太宗说，这种考察方法不义，是陷人于法：明明是你叫人去送给他的，反过来又说人家受贿，这不是用计害人吗？这样下去，将来还有谁敢上朝做官呢？

太宗听了，自感无言以对，于是召集文武官员，宣布自己的过错，以安抚人心。

所以古人说："洞察以为明者，常因明而生暗。"说的就是精于察人而产生的副作用，即"好丑在心太明，则物不契，贤愚心太明，则人不亲，士君子须是内精明而外浑厚，使好丑两得其平，贤愚共受其益，才是生成之德。"这也许就是我们所说的"大智若愚"。

一个人一生中不应该对什么事情都斤斤计较，应该糊涂的时候就糊涂，应该聪明的时候就聪明；小事装糊涂，不要小聪明，而在关键时刻，再表现出大智大谋。小事愚，大事明，对于人来说是一种很高的修养。所谓愚，并非自我欺骗，或自我麻醉，而是有意糊涂。

应该糊涂的时候，就不要太顾忌自己的面子、自己的学识、自己的地位、自己的权势，一定要糊涂；而该聪明、清醒的时候，则一定要聪明。由聪明而转糊涂，由糊涂而转聪明，则必左右逢源，不为烦恼所扰，不为人事所累，这样你一定会拥有一个幸福快乐的成功人生。

幸福寄语

人生难得糊涂。一个糊涂的人能够将智慧深埋于心中，面对过于复杂的世事，要学会简单做人、简单做事，应该在糊涂的时候糊涂，应该在聪明的时候聪明。只有这样，快乐与幸福才会慢慢地找上自己。

...第10章

尊重自己内心的热情

认真倾听别人的心声

倾听是一种礼貌，是一种尊敬讲话者的表现，是对讲话者的一种高度赞美，更是对讲话者最好的恭维。倾听能使对方喜欢你、信赖你。

每个人都希望获得别人的尊重，受到别人的重视。当我们专心致志、全神贯注地听对方讲，对方一定会有一种被尊重和被重视的感觉，双方之间的距离必然会拉近。

凯罗尔是罗宾见到的最受欢迎的人士之一。他总能受到邀请，经常有人请他参加聚会、共进午餐、担任基瓦尼斯国际或扶轮国际的客座发言人、打高尔夫球或网球。

一天晚上，罗宾碰巧到一个朋友家参加一次小型社交活动。他发现凯罗尔和一个漂亮女孩坐在一个角落里。出于好奇，罗宾远远地观察了一段时间。罗宾发现那位年轻女士一直在说，而凯罗尔好像一句话也没说。他只是有时笑一笑，点一点头，仅此而已。几小时后，他们起身，谢过男女主人，走了。

第二天，罗宾见到凯罗尔时禁不住问道："昨天晚上我在斯旺森家看见你和最迷人的女孩在一起，她好像完全被你吸引住了。你怎么抓住她的注意力的？"

"很简单。"凯罗尔说，"斯旺森太太把乔安介绍给我，我只对她说：'你的皮肤晒得真漂亮，在冬季也这么漂亮，是怎么做的？你去哪儿呢？阿卡普尔科还是夏威夷？'

"'夏威夷。'她说，'夏威夷永远都是风景如画。'

"'你能把一切都告诉我吗？'我说。

"'当然。'她回答。我们就找了个安静的角落，接下去的两个小时她

第10章 尊重自己内心的热情

一直在谈夏威夷。

"今天早晨乔安打电话给我,说她很喜欢我陪她。她说很想再见到我,因为我是最有意思的谈伴。但说实话,我整个晚上没说几句话。"

看出凯罗尔受欢迎的秘诀了吗?很简单,凯罗尔只是让乔安谈自己。他对每个人都这样——对他人说:"请告诉我这一切。"这足以让一般人激动好几个小时。人们喜欢凯罗尔就因为他注意他们。

假如你也想让大家都喜欢,千万不要过多谈及自己,甚至一句也不要,而要让对方谈他的兴趣、他的事业、他的高尔夫积分、他的成功、他的孩子、他的爱好和他的旅行,等等。

让他人谈自己,一心一意地倾听,那么无论走到哪里,你都会受到大家的欢迎。

纽约电话公司数年前应付过一个曾咒骂接线生的最险恶的顾客。他咒骂,他发狂,他恐吓要拆毁电话,他拒绝支付他以为不合理的费用,他写信给报社,还向公众服务委员会屡屡声诉,并使电话公司引起数起诉讼。

最终,公司中的一位极富技巧的"调解员"被派去访问这位粗暴的顾客。这位"调解员"安静地听着,并对其表示同情,让这位好争论的老先生发泄他的满腹牢骚。

"他喋喋不休地说,我静听了几乎3小时,"这位"调解员"叙述道,"以后我再到他那里,继续听他发牢骚,我共访问了他4次。在第四次访问完毕以前,我已成为他正在创办的一个组织的会员,他称之为'电话用户保障会'。我如今仍是该组织的会员。可笑的是,据我所知,除了这个老先生以外,我是世上仅有的会员了。

"在这几次访问中,我静听,并且同情他所说的任何一点。我从未像电话公司其他人那样同他谈话,他的态度差不多变得友善了。我见他的目的,在第一次访问时,没有提到,在第二、第三次也没有提到,但在第四次,我全部地结束了这一案件,使所有的账都付清了,并在他与电话公司为难的经过中,他首次撤销他向公众服务委员会的申诉。"

的确,老先生自以为为公义而战,保障公众权利,不受无情的剥削,但事实上他要的是被人重视的感觉。得到被重视感之前，他不停抱怨，不停挑剔，但在他从公司代表那里得到被重视感之后，他的不切实际的冤屈立即消失得无影无踪了。

古时有一个国王，想考考他的大臣，就让人打造了三个一模一样的小金人让大臣分辨哪个最有价值。最后，一位老臣用一根稻草试出了三个小金人的价值。他把稻草依次插入三个小金人的耳朵，第一个小金人，稻草从另一边耳朵里出来；第二个小金人，稻草从嘴里出来；第三个小金人，稻草放进耳朵后，什么响动也没有。于是老臣认定第三个小金人最有价值。

同样的三个小金人却存在着不同的价值，第三个小金人之所以被认为最有价值，就在于其善于倾听。其实，人也同样，最有价值的人，不一定是最能说会道的人。善于倾听，消化在心，这才是一个有价值的人应具有的最基本的素质。

可事实上，生活中的人们并不是都善于倾听。人往往有一种表现欲，在以自我为中心的孤僻区域讲个喋喋不休，把自己的优点在别人面前展示得一览无余，逞一时口舌之快，喜欢看到别人被自己说得张口结舌和不知所措的表情。于是，心高气傲的人们之间便多了一分隔阂，少了一些包容，多了一些冲动，少了一点理智。于是，寂寞、失意与种种的怀才不遇便如同流感一样穿行于大街小巷。

在现实生活中，我们不妨倾听那些喋喋不休的唠叨，这是一种爱意的释放；我们不妨倾听子女的诉说，以知音的姿态去感知那颗心灵，给予他们前行的信心；我们也不妨倾听同事们的喜悦和烦恼，真诚地为他们的进步高兴喝彩。

学会倾听逆耳之言。人无完人，金无足赤，每个人都存在着缺点，每个人的工作方法与思维方式也不是绝对正确的，这就需要别人来指正。而作为倾听者都需要以一副虚心求学的姿态来接受。发自内心的逆耳之言是一种关心，更是一种爱护和帮助。

倾听是一种与人为善、心平气和、虚怀若谷的姿态。有了这份姿态，就会多听一些意见，少出几句怨言，多了一分和睦。

幸福寄语

在这个世界上,每个人都渴望获得别人的尊重,受到别人的重视。当我们专心致志、全神贯注地听对方讲,对方一定会有一种被尊重和被重视的感觉,双方之间的距离必然会拉近。倾听能够使别人喜欢你、信赖你。所以,在必要的时候,你不妨做一个忠实的听众,倾听一下来自对方的心声。

保持心中的热忱

每个人内心深处都有像火一样的热忱,却很少有人能够将自己的热忱释放出来,大部分人都习惯于将自己的热忱深深地埋藏在内心深处。

因为缺乏热忱,不但工作做不好,甚至还会因此付出惨痛的代价。其实,许多人在工作上之所以不太顺利甚至失败,主要是没有将自己的热忱释放出来。

就算工作不尽如人意,你也不要愁眉不展、无所事事,一个人要学会掌控自己的情绪,激发自己的热忱,让一切都变得积极起来。发掘和释放自己的热忱,其实这并不是一件很难做的事,关键是你要积极行动起来。

既然要在工作中倾注热忱,使工作成为一种享受,就要从小事开始做起。凡事比别人先行一步,彻底改掉总跟在别人后面,做事总比别人慢一拍的坏习惯。

积极主动地做事,以积极的态度面对自己的工作,坚信自己从事的事业,发掘工作中的乐趣,就会促使自己行动起来,点燃你内心的热忱之火。热忱之火一旦点燃,你下一步该做的就是不断加柴,让火苗越来越大。

尽自己所能"每天多做一点",这样的工作态度将使你逐渐脱颖而出。"每天多做一点",工作可能就大不一样。尽职尽责完成自己工作的人,最多只能算是称职的员工,如果在自己的工作中"每天多做一点",你就可能成为优秀的员工。

有一家公司的秘书,她的工作就是整理、撰写、打印一些材料。很多人都认为她的工作单调而乏味,但这位秘书却不觉得,反而认为自己的工作很适合自己,很有意义,并认为检验工作的唯一标准就是做得好不好。

这位秘书整天做着这些工作,不久了之后她发现公司的文件中存在着很多问题,由这些问题中她发现,公司经营方面也存在着很多问题。于是,秘书除了每天必做的工作之外,她还细心地搜集一些资料,并把这些资料进行整理分类,然后分析,最后写出建议。为此,她还查询了很多有关经营方面的书籍。

最后,这位秘书把打印好的分析结果和有关证明资料一并交给了老板。老板起初并没有在意,一次偶然的机会,老板读到了秘书的这份建议。这让老板非常吃惊,没想到这位秘书注意到了公司存在的问题,并为这些问题提出了自己的见解和解决方法,并且她的意见很有建设性。

后来,老板采纳了很多条这位秘书的建议。老板很欣慰,他觉得有这样的员工是他的骄傲。当然,秘书也被老板委以重任。这位秘书觉得她只是在本职工作上多做了一点点,但是老板却觉得她为公司做了很多。秘书只是多做了一点点的努力,但就这一点点,并不是每个人都能够做到的。

如果你只把工作当作一件差事,那么你就很难倾注你的热忱。如果你把你的工作当作一项事业来看待,情况就会完全不同。

我常钦佩那些热心布道、传播福音的牧师。每当黎明到来时,他们就准备好了,去从事自己最热爱的工作。他们把布道看作是自己的职责,是上帝赋予自己的责任,并从中得到满足与快乐。正是这种富有诗意的心态、愉快乐观的精神、饱满积极的热忱,使得牧师们把传教的日常工作,看成是充满激情与成就感的事业,并身体力行,受到了当地人们的尊敬欢迎。

如果你能够把工作当作事业来做,把自己的职业生涯与工作联系起来,

第10章 尊重自己内心的热情

你就会觉得自己所从事的将会是一份有价值、有意义的工作，并且从中可以感觉到使命感和成就感，从而彻底改变浑浑噩噩的工作态度。

热忱还具有感染力。当一个热情的人出现时，其他人就很难再无动于衷保持冷漠。一群热忱的人组成一个团队，这个团队的能量将是无穷的。

有一家食品厂登出了招聘启事，许多人纷纷赶来应征。

考核的时间还没到，外面却下起了倾盆大雨。这时在外面急着将货品搬上车的工人跑了进来，向招聘的负责人求援，希望能找几位应征的人到仓库帮忙。人事主管于是向大家询问："有没有人愿意帮忙？"

只见一堆人纷纷站了起来，表现出了极大的服务热情。他们跟上前去，个个都非常卖力地帮忙搬货上车。

过了一会儿，厂长来到仓库，发现这么多人聚集在这里，立即找来负责的人问明原因，负责招聘的人如实告知。

没想到厂长却大发雷霆，怒斥道："乱七八糟！我不是说过了，要再过一段时间才招聘的吗？"

这时正踊跃地帮忙搬货的应征者，听见厂长这么说，不少人当场发火说："这么说来，你们不是在骗人吗？搞什么名堂啊！"他们气愤地说着，并气呼呼地将手上的货物随地一扔，一大群人便急匆匆地离开了。

此时，雨越下越大，仓库的负责人眼看着货物全堆在外面，焦急地请求他们帮忙，并允诺会给予报酬。但是大家仍不为所动，只有一个人在大家的嘲笑声中留了下来。

货物搬完后，这个人没领报酬就往大门走去。

然而，就在此时人事主管忽然跑了过来，用力地握住他的手说："恭喜你，你已经通过本公司的考核，请你明天就开始上班。"

这个年轻人听了满头雾水，正在纳闷时，只见厂长站在前方，用赞许与肯定的目光向他点头致意。

当故事中的其他面试者，为了求职而抱着现实的"交易"心态，期待在付出后会有必然的收获时，聪明的老板只以一句话，便直接拒绝了那些工作心态不正确的求职者。

毕竟，在有求于人的情况下，大家都会尽量表现出卖力的一面，然而，这些人只顾及一己之私，却不会为别人着想，日后自然也不会尽心尽力为公司付出。因此，在这个考验的过程中，老板清楚地看见多数人刻意的"企图"，而不是服务的"热情"。

如此一来，更加凸显出那个年轻人乐于助人、不问收获的热情，也因为这份服务的热情，让他轻松赢得工作的机会。

所以，如果一个人想要在事业上取得成功，就一定要对自己的工作充满热情，一定要懂得将短暂三分钟的热度延续下去。倘若没有了热情，那么工作便失去了自身的价值与意义，那么它也就仅仅只是人们谋生的一种手段而已。

幸福寄语

热忱对事业的成败起着非常重要的作用。一个人如果没有了热忱就会失去对工作的兴趣，甚至会因此而遭遇事业的失败。一个人如果能够始终保持火一样的热忱，并且能够将三分钟的热度延续下去，那么相信他一定能够取得梦想中的成功。

让你的内心充满热情

爱默生曾说："人要是没有热情是干不成大事业的。"大诗人S·乌尔曼也说过："年年岁岁只在你的额上留下皱纹，但你在生活中如果缺少热情，你的心灵就将布满皱纹了。"

著名大提琴家P·卡萨尔斯当年已90岁高龄，还是每天坚持练琴4到5个小时。当乐声不断地从他的指间流出时，他俯曲的双肩又变得挺直了，他疲乏的双眼又充满了欢乐。美国堪萨斯州威尔斯维尔的E·莱顿直至68岁才开始学习绘画。她对绘画表现出极大热情，并在这方面获得了惊人的成就，同时也结束了折磨她至少有30余年的苦难历程。

人们有了热情，就能把额外的工作视作机遇，就能把陌生人变成朋友，就能真诚地宽容别人，就能爱上自己的工作。人们有了热情，就能充分利用余暇来完成自己的兴趣爱好——一位领导可成为出色的画家，一个普通职工也可成为一名优秀的手工艺者。

人们有了热情，就会变得心胸宽广，抛弃怨恨，就会变得轻松愉快，甚至忘记病痛，当然还将消除心灵上的一切皱纹。

哲学家黑格尔说："没有激情，世界上任何伟大的事业都不会成功。"充满激情的人，对于任何一件小事都力求做到最好，对于再平淡的生活也要用最认真的态度来对待。因为他们知道，现在的每一件小事，每一次努力，都是成就未来的基础，都是通往成功之路的铺路石。

有这样一个故事：

有人曾问三个砌砖工人："你们在做什么？"

第一个工人说："砌砖。"第二个工人说："我正在赚工资。"第三个工人说："我正在建造世界上最有特色的房子。"

于是，前两个人一直是普通的砌砖工人，而第三个最后成了一个出色的建筑师。

前两个工人不知道，手头的小工作其实正是大事业的开始。第三个工人对自己的工作充满热情，因为他知道，每一天的辛勤努力，都能够使自己更上一层楼，最终到达事业的顶峰。

1999年7月初，正当全国高三的学子们都在紧张地准备着即将到来的高考时，河北石家庄市的一个普通的18岁少年李想却毅然地选择了另一条道路——放弃高考，自己创业。

之所以作出这种选择，完全是出于对互联网的热情，而互联网才刚刚在大陆发展起来不久。

放弃高考，这看起来是多么离经叛道的一个决定！李想的所作所为毫无例外地遭到了来自于家人、师长的巨大劝阻。

然而，他对互联网的热情已经远远超出了人们的想象，因为从最初接触互联网便痴迷于此的他，已经看到了其中蕴藏的巨大潜力——一种划时代的资讯交流方式，这让他欲罢不能。

在这种巨大热情面前，还在上学的他已经开始尝试创办论坛，并意外地拥有了超过十万元的年收入。这对于一个还未满18岁的少年来说，这是多么大的成就！

足够的热情，可以让我们克服世间一切阻挠，全身心投入到自己热爱的事业之中。李想已经拥有了这样的热情。在他的热情面前，父母被说服了，他们同意了儿子的创业计划。

凭着自己的热情，在别人都在辛苦复习、备考以及填报志愿的时候，他已经开始全身心地投入到了网站的策划和制作当中。

1999年，李想一手创办的PCPOP网站开始运营。六年以后，网站的运营收入已经达到了两千万元，利润也达到了一千万元。2006年，更是以令人难以置信的速度发展着。

而此时的李想也成为了人们口中的80后新贵，成为了年轻人的偶像，一个真正的新生代亿万富翁。

热情的效果绝不仅仅局限于让我们坚持不懈。热情是洋溢于外部的生活态度，就像微笑和喜悦，是可以潜移默化地传染到周围，让整个团队的气氛发生微妙的变化。这种"蝴蝶效应"对于运气的转变，更具有非凡的意义。

幸福寄语

没有了热情的生活必定死气沉沉，有了热情的生活会灿烂无比。一个人有了热情就能够尽心尽力地做好每一份工作，一个人有了热情就能够真诚地对待周围的亲朋好友，一个人有了热情就能够克服任何艰难险阻。所以，为了过上更加美好幸福的生活，我们应该让自己的内心始终充满热情。

带着热忱去面对生活

人们对待生活的心态是世界上最神奇的力量，带着热忱、激情和希望的积极心态投入到生活和工作中去，能将一个人提升到更高的境界；反之，带着失望、怨恨和悲观的消极心态，则能毁灭一个人。

一个聪明的人能够对生活和工作充满热忱，他们从不抱怨，一旦选择了自己的事业，就会满怀激情地投入进去，用热情融化前进途中的困厄、障碍，他们是真正拥有世界、拥有快乐的人。一个愚蠢的人对生活和工作缺乏激情，他们没有自己真正喜欢的事业，往往是这山望着那山高，生活中稍有挫折，便心灰意懒，工作中稍有不如意，便怨天尤人，等到多年后蓦然回首，却发现自己原来一事无成。

一天，奥斯卡在俄克拉荷马城的火车站上，准备乘火车往东边去。他在气温高达40多度的西部沙漠地区已经待了好几个月，因为他正在为一个公司勘探石油。

奥斯卡是麻省理工学院的毕业生。他把旧式探矿杖、电流计、磁力计、示波器、电子管和其他仪器结合制成勘探石油的新式仪器。

就在他满怀信心、充满激情工作着的时候，奥斯卡得知：他所在的公司因无力偿付债务而破产了。奥斯卡踏上了归途，他失业了，前途相当暗淡，他心中对工作的热忱和激情也一下子消失得荡然无存。

由于他必须在火车站等待几个小时，他就决定在那儿架起他的探矿仪器来消磨时间。仪器上的读数表明车站地下蕴藏有大量的石油。但奥斯卡根本不相信这一切，他在愤怒中踢毁了那些仪器。

"这里不可能有那么多石油！这里不可能有那么多石油！"他十分反感地反复叫着。

不久之后，人们就发现俄克拉荷马城地下有丰富的石油资源，甚至可以毫不夸张地说，这座城就浮在石油之上。

奥斯卡由于失业的挫折，产生了悲观消极思想。即使他一直寻找的机会就躺在他的脚下，但是由于缺乏激情，也没有能够把握住。

对生活充满激情，是成功的重要因素之一。在你最渴望成功的时候，热忱和激情会使你对自己充满自信。抱着积极的思想，对生活充满激情，你就会不断地努力，直到你获得了你想要寻找的财富。

没有热忱，缺乏激情的人就是坐在金矿上也看不见金子，因为他的心已经被一种悲观情绪给俘虏了。

热忱能使你在困难重重的时候，毫不畏惧，激发出你的潜能，克服重重困难，创造出奇迹。

1492年8月的一天，哥伦布带领着一支航海队出发了。他们由西班牙国王派遣，去寻找"新大陆"。他们在茫茫的大海上航行了一个多月后，始终没看到陆地的影子。眼前能看到的只是一望无际的海水。船上的水手们开始沮丧，后悔不该跟着这个叫哥伦布的疯子去找什么鬼陆地！有的水手懒洋洋地躺在甲板上、船舱里，嘴里不断地叫骂着，有的水手则忍不住去质问哥伦布："海军上将先生，你究竟要把我们带到哪里去？""陆地在哪儿呀？鬼才知道！""我不想干了，我要回去！"然而，哥伦布始终没有动摇，也没有抱怨，在他心中有一股巨大的力量支持着他，那就是——热忱。他看了一位大学教授送给他的地球仪和穿越大西洋的地图后，意志更坚定了。他信心百倍地对队员们说："3天之后就能够找到陆地，到那时，

第10章 尊重自己内心的热情

我将付给大家双倍的工资。"

果然,一天早晨,一名水手站在高高的桅杆上惊喜地叫了起来:"陆地!陆地!陆地!"大家借着昏黄的月光,看见了不远处平坦的沙丘。他们拥抱着,跳跃着,有的船员甚至兴奋得跳起舞来。随即这块陆地被哥伦布命名为圣萨尔瓦多,意即"救世主"的意思。那些曾经不停抱怨的人都感到非常惭愧,他们更加佩服哥伦布了。

在陆地上考察了两个多月后,他们建筑了房屋,留下了足够吃一年的食物。哥伦布将39名水手留在了岛上,自己则带着其他水手驾船返航。在返航途中,不幸遇到了令人心惊胆战的暴风雨!被狂风刮起的巨浪汹涌着冲向船只,扑打着甲板。桅杆被吹断了,风帆也被刮得四分五裂,大家都感到了死亡的恐惧。于是,一些水手又开始抱怨了。他们骂哥伦布带他们走向死亡,骂自己太蠢,后悔为什么不留在陆地上。他们还埋怨鬼天气,埋怨轮船太破……但是,哥伦布仍镇静地做着他认为应该做的事情。其实他比船上的其他人更清楚面临的是什么样的困难,但他想到的不是抱怨,而是想着怎样面对已经发生的问题,怎样去解决问题。

为了能把航海的情况报告给西班牙国王,哥伦布让船员把他捆在一张固定的椅子上,在膝盖上绑了一块大木板,找来羊皮纸,把发现新大陆和39名水手留在岛上的情况都记录了下来,然后把纸裹在一块涂了蜡的亚麻布里,塞进小木桶。做好这些以后,他解开捆在身上的绳子,跌跌撞撞地走上了甲板,把小木桶投进大海。幸运的是,轮船最终经受住了飓风的袭击,曲曲折折地回到了西班牙。他带回的鹦鹉、长矛、华丽的羽毛等物,使西班牙人认识了另外一个世界。

哥伦布的成功是多种因素构成的。但是,如果他遇到困难的时候总是抱怨个不停,就不能果断地采取行动,就找不到陆地,更不能安全返回西班牙。他的与众不同之处,就是凭着自己对航海探险的热忱。远离抱怨,冷静地面对现实,接受事实,并积极想办法解决问题。这才是一个成功者遇到问题时应该采取的态度。

一个对生活充满热情、狂热投入工作的人,每天早上一起来就会迫不及待地要把自己发动起来。他们有明确的目标，总是对生活充满了渴望而又精力充沛，能一直坚守自己的使命。这样的热情来源于对工作的热爱与对自己追求的享受。无疑，这种人一定是生活中的强者。

热情能够帮助你在更少的时间里完成更多的事情，帮助你做出更好的选择，帮助你显得更加富有魅力。在热情的推动下，你就会感觉自己的日子过得飞快，你的成就也会来得特别快。

幸福寄语

一个人带着失望、怨恨和悲观的消极心态去生活，那么日子将会越过越困难。但是，一个人如果能够充满热忱地生活着，那么生活也会报之以微笑。与其选择悲伤地活着不如选择热忱地奋斗，当我们选择了热忱地奋斗时，命运便会给我们一个意想不到的惊喜。

...第11章

有信仰的人生最幸福

信仰是幸福的一个支点

生活中的一个标志、一个符号，都有其特定的内涵和价值，给人们带来无尽的遐想和深思。你试过在黑暗中哀哀地哭泣吗？你有过在丛林中迷失的经历吗？你有过世界就此停滞不前的绝望吗？你记得是什么支撑着你走到今天的吗？不容置疑的答案我们了然于胸，那就是信仰。

信仰的本质是相信其正确，甚至宁愿相信其正确，不在于其是否真实。所以，信仰无所谓真假，有信仰本身就是一种价值，因为坚持这种信仰，才使自己有所追求、有所寄托。信仰是对人生意义的一种假定。人，就其本身来讲并没有意义，但我们总喜欢在生活中为任何事情寻找理由，寻找意义，所以，我们给自己的人生设定了意义。不同的人生有不同的意义，没有统一的、公认的、普遍的人生意义。人生意义的丰富性，决定了信仰的丰富性。

信仰赋予人类无穷的力量，去创造和发掘属于我们自己的人生。信仰是华夏文明与世间真、善、美的有机结合，人们敬畏信仰，创造出了所能代表的一切高尚品质和超越自我的一个又一个神话。

澳洲曾经出现过一个野蛮民族，族人不分男女老幼，个个孔武有力，赤手空拳也能和狮虎搏斗。残暴的性情加上天赋的力量，令其他弱小的族群长期生活在他们的欺凌之下。但是，经过调查，这支身体素质强大的民族，后来却是澳洲所有稀少民族中最先灭亡的一支。

听说，有人暗查出这个民族传袭着一种奇怪的信仰——禁止洗澡。他们认为身体的污垢是神赐予的礼物，倘若加以清洗，力量就会消失，形同软弱的绵羊，毫无反抗之力，只有任人摆布任人宰割。

几支弱小民族利用他们这个弱点，联合起来，在一个风雨交加的夜晚，将暴涨的河水导进他们所居住的洞穴。

果然，突如其来的河水冲刷，令他们发出惊惶的哀号，一时之间，仿佛失去了所有的力量，一个个痴呆地瘫倒在地。当一支支石刀刺进他们的胸膛，尽管鲜血四溅，却不做任何抵抗，因为他们觉得此时已经没有神灵赋予的任何力量了。

研究人类学的专家说：信仰使人拥有力量，信仰也使人失去力量。

其实，信仰不该用来"造神"，而应该用来造"我"。一旦万能的神无法开启更高的智慧，反而变为人意识上的障碍，无疑地，"神"终将成为"我"最大的敌人。

前美国足球联合会主席戴伟克·杜根曾说："你认为自己被打倒，那你就是被打倒了。你认为自己屹立不倒，那么你就屹立不倒。你想胜利，又认为自己不能，那你就不会胜利。你认为你会失败，那你就失败。"因此，我们可以这样说一切胜利皆始于个人求胜的意志与信心。你认为自己比对手优越，你就比他们优越。因此，你必须往好处想，你必须对自己有信心，才能获取胜利。在现实生活中，强者不一定是胜利者；但是，胜利早晚都属于有坚定信念的人。

美国企业巨子阿曼·哈默深谙此理，因而常常在别人认为毫无希望的地方创造奇迹。

1956年，已经58岁的哈默投身石油业。当时有一家叫博士古的石油公司，曾在旧金山以东的河谷里寻找天然气，钻头一直钻到5600英尺，仍然不见天然气的踪影。这个公司的决策者便认为，再钻下去也是徒劳无功的，便鸣金收兵，留下一口废井。

哈默得知消息后，便带着专家去考察，最终决定在废井上架起钻机，继续往下钻，结果在原有的基础上又钻进3000英尺，天然气喷涌而出。

后来，哈默又听说举世闻名的埃索石油公司和壳牌石油公司，在非洲的利比亚由于探油未果而扔下不少废井，于是便带人前往非洲，很快又打出了9口油井。

很多人的一生中有许多时候，在远未成功之时就放弃自己的信念。有许多时候，人们距离成功仅有一步之遥，但有些人却没有坚定自己的信念，结果永远地站在失望的彼岸；而有些人却有坚定的信念，最终品尝成功之喜悦。

1922年的冬天，霍华德·卡特几乎放弃了可以找到法老王图坦·卡蒙坟墓的希望，他的赞助商即将取消赞助。卡特在自传中写道："这将是我们待在山谷中的最后一年，我们已经挖掘了整整6年了，春去秋来，毫无所获。我们一鼓作气工作了好几个月却没有发现什么，只有挖掘者才能体会出这种彻底绝望的感受。我们几乎已经认定自己被打败了，正准备离开山谷到别的地方去碰碰运气。然而，要不是我们最后垂死的一锤努力，我们永远也不会发现这远远超出我们的梦想所及的宝藏。"

霍华德·卡特坚定自己的信念，做了最后的努力，终于发现了近代唯一的一个完整出土的法老王坟墓。倘若不是卡特坚持多挖一天，那些不可思议的宝藏也许至今仍在地下不见天日。

由此可知，信念是"永远的万灵药"！一个人培养信念的最好方法就是：把自己想象成一个成功人士，在做一件事时，想象一下成功人士应该怎样去处理。越是令人难以决断的事越该如此。

罗杰·罗尔斯是美国纽约州历史上第一位黑人州长。他出生在纽约声名狼藉的大沙头贫民窟。大沙头贫民窟环境脏乱，充满暴力，是偷渡者和流浪汉的天堂。在这儿出生的孩子，从小逃学、打架、偷窃，甚至吸毒，长大后很少有人从事体面的职业。然而，罗杰·罗尔斯是个例外，他不仅考入了大学，而且还成了州长。

在记者招待会上，一位记者向他提问："是什么把你推向州长宝座的？"面对三百多名记者，罗尔斯对自己的奋斗史只字未提，只谈到了他上小学时的校长——皮尔·保罗。

1961年，皮尔·保罗被聘为诺必塔小学的董事兼校长，当时正是美国嬉皮士流行的时代。他走进大沙头诺必塔小学的时候，发现这里的穷孩子比"迷惘的一代"还要无所事事。他们不与老师合作，经常旷课、斗殴，甚至砸烂教室的黑板和窗户玻璃。皮尔·保罗想了很多办法来引导他们，

第11章 有信仰的人生最幸福

可是都没有奏效。后来他发现这些孩子都很迷信，于是在他上课的时候就多了一项内容——给学生看手相，他用这个办法来鼓励学生。

一天，当罗尔斯从窗台上跳进教室，伸着小手走向讲台时，校长皮尔·保罗将他逮个正着。出乎意料的是校长并没有批评他，反而和蔼地说："我一看你修长的小拇指就知道，将来你一定会是纽约州的州长。"

小罗尔斯大吃一惊，因为长这么大，只有自己的奶奶曾经让他振奋过一次，说他可以成为5吨重的小船的船长。这一次，皮尔·保罗先生竟说他可以成为纽约州的州长，这着实出乎他的预料。他记下了这句话，并且相信了它。从那天起，"纽约州州长"就像一面旗帜在他心里高高飘扬。罗尔斯的衣服不再沾满泥土，说话不再夹杂污言秽语，行动也不再拖沓和漫无目的。他开始挺直腰杆走路，在以后的四十多年间，他没有一天不按州长的标准要求自己。51岁那年，他终于成为纽约州州长。

在就职演说中，罗尔斯说："信念值多少钱？信念是不值钱的，它有时甚至是一个善意的欺骗。然而你一旦坚持下去，它就会迅速增值。"

信仰是一种无比巨大的力量，它能够帮助你一步步地走向成功。如果你想在人生的道路上有所成就的话，那么就一定要坚守自己的信念，只有这样你才能够在遇到挫折与不幸时始终坚守梦想，并且为之进行永不停息的奋斗。

幸福寄语

信仰本身就是一种价值，因为坚持这种信仰，才使自己有所追求、有所寄托。信仰是一种无穷的力量，它能够帮助你一步步地走向成功。如果你想在人生的道路上有所成就的话，那么就一定要坚守自己的信念，只有如此你才能够在遇到困难时能够始终坚守自己的梦想，并且为之进行不懈的努力。

为自己树立一个信仰

坚守一个信念，可能是每个人都知道的道理，但知易行难，真正做到的人并不多。每个人从生理角度上而言虽然有差异，但也并不大，科学家与普通人的大脑之间的区别比家狗和猎狗大脑之间的区别还要小。其实，决定一个人成败荣辱的关键在于内在品质，其中最关键的就是信念。一个人倘若能够敬奉一个朴素的信念，并且去坚守，能做到不抛弃、不放弃，就一定能够看到希望、迎来曙光。

法国有一位著名的心理学家，叫伊尔·索尔芒，他调查了全世界的18个贫困国家，得出来结论是：人类最大的敌人不是灾祸，不是瘟疫，不是令人憎恨的战争，人类最大的敌人就是自己。自己的懦弱，自己的虚荣，自己的恐惧。自己都不相信自己的时候，你就什么都完了！

所以，"相信自己"很重要。一个人相信自己，相信世界很美好的时候，他所见到的人都会非常友善，世界也会变得美好。一个人不相信自己，怀疑一切的时候，他周围的人就会很狰狞，世界也一片黑暗。

浩瀚的沙漠中，一支探险队在艰难地跋涉，他们没有水了。忽然，队长从腰间取出一个水壶，两手举起来，惊喜地喊道："我这里还有一壶水！但穿越沙漠前谁也不能喝！"沉甸甸的水壶从队员们的手中依次传递，原来布满绝望的脸上又显露出坚定的神色，一定要走出沙漠的信念支撑他们跟跄地、一步一步地向前挪动。终于，他们死里逃生，走出茫茫无垠的沙漠。大家喜极而泣之时，久久凝视着那个给了他们信念支撑的水壶。队长小心翼翼地拧开水壶盖，缓缓流出的却是一缕缕沙子。他诚挚地说："只要心里有坚定的信念，干枯的沙子有时也可以变成清冽的泉水。"

确实如此，信念就好比罗盘，在人生的远航中指引我们前行的方向。

在漫无边际的旅程中，重要的不是一个人飞得有多高，走得有多远，关键在于有明确的方向。

信念有时徘徊于坚持与动摇之中，彷徨于前进与退缩之中，有时甚至会出现坚持比放弃还难的无奈。正如上面故事中所提及的，所有队员都丧失了生存的信念，坚持下去仍然看不到希望，又不甘心放弃求生的欲望。当出现外因干预后，队员们重拾信念，一步一步地前行，终于走出茫茫的沙漠。我们试想，在最关键的时候，如果没有这样的外力推动，会出现什么样的后果？也许就会上演一出悲剧，也许就不会发生这么感人的生命奇迹。

如何继续坚守自己的信念，特别是处于进退两难、左右摇摆之时？

一群青蛙想要爬到对面那座大山上去看看上面的风景，于是所有青蛙一起出发了。当爬到半路时，一些青蛙动摇了："我们为什么要如此艰辛地爬到山上去看风景，风景不都是一样吗？"过一段时间，有一些青蛙退出了前行的队伍，到最后只有一只青蛙爬到了山顶。青蛙们为这只青蛙欢呼雀跃，问它是如何坚持到最后的，它却并没有回答。原来这只青蛙是聋子，它只知道和大家一起爬山，朝着山顶一直爬上去，完全没有受到外界的干扰。

原来，保持内心的宁静，不受外界干扰，坚持做应该做的事，就可以做到坚守信念，实现自己的目标。诸葛亮写给他8岁儿子诸葛瞻的《诫子书》中说："夫君子之行，静以修身，俭以养德。非淡泊无以明志，非宁静无以致远。夫学须静也。"切忌急功近利，要脚踏实地地去做人做事，自然就会少一些困惑，多一份坚定，也就在追求人生目标这个过程当中享受到沿途风景，给内心带来真正欢愉。

人生的价值并不在于成功后的荣光，而在于追求的本身，在于信念的树立与坚持的过程。坚守信念，犹如在内心撒下一颗种子，只要在合适的条件下，种子自会破土而出生根发芽，总会有收获果实的希望。有时候需要外力辅助才能够取得成果，但是最终还要靠自己去完成，因为没有人能够把信念深深地植根于你的心中。所以，我们要坚守自己的信念，播下希望的种子。

> **幸福寄语**
>
> 在这个世界上,每个人都有属于自己的梦想。然而,在通往梦想的道路上充满了坎坷与泥泞。一个有进取心的人应该始终敬奉一个朴素的信念,并且去努力坚守,相信他一定能够看到希望、迎来曙光。

信仰,让自卑者更自信

一个人如果拥有了自己的信仰就能够克服心中的自卑,就能够充满信心地去克服前进道路上的各种艰难险阻,就能够以大无畏的精神迎着困难而前行。很多时候,信仰能够支撑着你的精神自信,很多时候,有了人生的信仰就等于拥有战胜挫折的信心。

从前,有一个年轻人,生活得很失意,甚至感到万念俱灰。有一天他来到一位智者的面前,向他请教如何才能够获得人生的幸福,智者指着一块陋石说:"你把它拿到集市上去,但无论谁要买这块石头你都不要卖。"年轻人便来到集市卖石头,第一天、第二天无人问津,第三天有人来询问。第四天,石头已经能卖到一个很好的价钱了。

智者又说:"你把石头拿到石器交易市场去卖。"第一天、第二天人们视而不见,第三天,有人围过来问,以后的几天,石头的价格已被抬得高出了石器的价格。智者又说:"你再把石头拿到珠宝市场去卖……"

就这样,到了最后,石头的价格甚至可以与珠宝比肩了。

著名的布鲁金斯学会的网页上有这么一句格言:……不是因为有些事

第11章　有信仰的人生最幸福

情难以做到，我们才失去自信；而是因为我们失去了自信，有些事情才显得难以做到。……其实世上的人与物皆如此，假如你认定自己是一块不起眼的陋石，那么你可能永远只是一块陋石。而如果你坚信自己是一块无价的宝石，那么你可能就是一块宝石。

当你相信一件事情不可能做到时，你的大脑就会为你找出种种做不到的理由；但是，当你相信——真正相信某一件事情可以做到时，你的大脑就会帮你找出能做到的各种方法。人的潜力是无穷的，重要的是如何去挖掘和利用。信心是一种强大的动力，是走向成功的助推器。失去信心是很可悲的，也是很可怕的。

因为周公谨的自信，才有了赤壁大捷；也因为罗斯福的自信，才有了连任四届的总统……信心能创造奇迹，也能推动社会的进步，它的力量强大到让你难以想象。一个人拥有了自信就会感觉自己充满了力量，对成功充满了期待和憧憬，做任何事情都会保持一颗乐观而积极的心态。

你不曾遇到食不果腹的饥饿，也没有遇到双腿瘫痪的不幸，更没有遇到过流离失所的悲痛，我们没有理由自卑。也许你很平凡，也许你出身低微，也许你并不聪明，但我们同样可以追求幸福。要乐观地去面对生活中的每一天，不论快乐或悲伤，几度轮回能有幸成为人？春去秋来，花谢花开，何必自寻烦恼，虚度光阴？

美国有一个叫乔治·赫伯特的推销员，成功地把一把小斧子推销给了小布什。布鲁金斯学会得知这一消息，把刻有"最伟大的推销员"的一只金靴子赠予了他。布鲁金斯学会在表彰他的时候说，金靴子奖已空置了许多年，学会一直在寻找这么一个人，这个人不因有人说某一目标不能实现而放弃，不因某件事情难以办到而失去自信。

一个没有自信的人在任何情况下都不会成功。一个人的成功，关键是要坚信自己的判断，而不能迷信权威。

博格斯当然不是天生的篮球好手，他之所以能取得今天的成就，靠的是信念和苦练。博格斯从小就长得比较矮小，但却又非常热爱篮球，几乎每天都要与同伴在篮球场上展开一番争斗。当时他最大的梦想就是有朝一日能去打 NBA，因为 NBA 球员不仅待遇高，而且还享有比较风光的社会地位，是所有爱打篮球的美国少年最向往的梦。但每次博格斯告诉自己的同伴，"我长大后要打 NBA"时，几乎所有人都会忍不住哈哈大笑，因为他们认定一个身高只有 1.6 米的矮子，是绝无可能打 NBA 的。

同伴的嘲笑并没有动摇博格斯的信念。为了实现自己的理想和信念，他用比一般人多几倍的时间去练球，并最终成为全能的篮球运动员，成为了 NBA 的最佳控球后卫，成为了有名的篮球明星！博格斯说，从前听他说要进 NBA 而嘲笑他的同伴，现在会经常炫耀地对别人说："我小时候是和博格斯一起打球的。"想象一下，倘若博格斯因为同伴的嘲笑而动摇自己的信念，放弃自己的理想，还会有今天在 NBA 赛场上的叱咤风云吗？

信仰是人生征途中的一颗璀璨明珠，既能在阳光下熠熠发亮，也能在黑夜里闪闪发光。当你行走在阳关大道时，千万不要忘记道路上还有泥泞。有时候不是一些事情做不到才失去自信，而是因为失去自信，沉浸在逆境中无法自拔，事情才显得难以做到。

有信仰的人，就会去主动追求他的目标。譬如说，我要在工作上干得出色，我要努力从事所热爱的文学创作，我是个爱憎分明的人，要为所爱付出一切，等等。我一直很喜欢那种感觉：有个目标，有个信仰，有个向往，让我努力，给我痛苦，给我开心，也给我无悔。

人生需要信仰，人的一切追求又何尝不是如此呢？人生的旅程是遥远的，只要双脚不息地前行，道路就会向远方延伸。

幸福寄语

　　人生是需要信仰的。一个人如果拥有了信仰就能够克服心中的自卑，就能够充满信心地去克服生命中的各种艰难险阻，就能够以大无畏的精神迎着困难，继续前行。很多时候，信仰能够支撑着你的精神自信，很多时候，有了信仰就等于拥有战胜困难的信心。

只要有信仰在，便会有从头再来的机会

在人生的道路上，每个人都会遇到各种各样的失败。其实，失败本身并不可怕。只要我们心中拥有一个信仰，那么便会有从头再来的机会。

爱德华·依文斯生长在一个贫苦的家庭里，家里有七口人要靠他吃饭。起先靠卖报赚钱，后来在一家杂货店当店员。再后来，他谋到一个当助理图书管理员的职位。当助理图书管理员的薪水很少，他却不敢辞职。八年之后，他才鼓起勇气开始自己的事业。然后，厄运降临了，很可怕的厄运——他替一个朋友背负了一张面额很大的支票，而那个朋友破产了。很快，在这件灾祸之后又来了另外一个大灾祸，那家存着他全部财产的大银行垮了，他不但损失了所有的钱，还负债1.6万元。他精神受不住这样的打击，因为担忧，还开始生起奇怪的病来。有一天，他走在路上的时候，昏倒在路边，以后就再也不能走路了。最后医生告诉他，他只有两个礼拜可活了。他大吃一惊，而后没有任何挣扎和担忧。他写好遗嘱，然后躺在床上等死。这样一来，忧虑也就多余了。他放松下来，闭目休养了好几个星期。虽然每天睡眠不足两小时，但却很安稳，那些令人疲倦的忧虑渐渐消失了，胃口也渐渐好起来，体重也开始增加。

几个礼拜之后，他奇迹般地能撑着拐杖走路了；六个礼拜以后，他又能回去工作了！他以前一年赚两万多块，可是现在能找到一个礼拜三十块钱的工作，就已经很高兴了。他不再后悔过去，也不害怕将来，而是将全部时间、精力、热忱都放在工作上。爱德华·依文斯的工作非常出色，进展非常快。不到几年，他已是依文斯工业公司的董事长。多年来，这个公司一直是纽约股票市场交易所的一家公司。如果你乘飞机到格陵兰去，很可能降落在依文斯机场——这是为纪念他而命名的飞机场。可是，如果他

没有学会"生活在完全独立的今天里"的话，爱德华·依文斯绝不可能获得这样的胜利。

生活完全独立的今天，也就是活在当下，是生活的哲学。假如你今天递交了辞职信，说明你今天具有了充足的自信；假如你今天被老板炒了鱿鱼，说明你从今天开始可以重新选择一份职业或者一份工作；假如你今天进入婚姻的殿堂，表明幸福生活已经开始了。

江宁的东山原名为"土山"。东晋谢安，才学过人，但在朝廷遭到一帮小人的忌妒，使得皇上一时用他一时贬他。谢安一气之下就辞官来到土山隐居，邀人下棋，落个耳根清静。他人在外，心念家，就模拟浙江会稽东山景色，在土山上大兴土木，并改土山为东山。

公元383年8月，前秦苻坚率百万大军南下伐晋。此时的皇帝想起了谢安，决定重新起用他，就派人到东山，封他为征讨大都督。宰相肚里能撑船，救国要紧，谢安没有推托。他回到朝廷调兵遣将，上下整顿，赏罚分明，官兵一心，要与苻坚决一死战。

不多久，苻坚的人马打到了淮河、淝水，只要一过江，东晋难保。谢安心中有数，凭东晋的八万官兵跟苻坚硬拼尤如鸡蛋碰石头。他坐镇东山，临危不乱，精心排兵布阵，并把自己的侄儿谢玄也派到前线去打仗。侄儿临走前想探听这个仗应该如何去打，谢安只说了一句话"朝廷自有安排"。谢玄心里没底，第二天又派人来听口风。谢安却找人来陪他下棋，一直下到天黑，打仗的事只字未提。到了当天半夜时分，才掏出将帅名单，摆出了他的"八卦阵"。

淝水之战刚刚拉开，谢安就稳坐东山跟人下棋。敌人果真中计，大败而逃。喜报传来，谢安接过一看，二话没说，还下他的棋。客人等不及了，都围过来听消息才知道前方打了胜仗，谢玄立了大功，在场的人无不佩服谢安沉得住气，这就是历史上著名的以少胜多的战役"淝水之战"。

淝水一仗，救了东晋，谢安被封为三公之上。因为他曾在东山闲居，后来又出来做了一番大事业，人们都称他"东山再起"。

第11章 有信仰的人生最幸福

艾柯卡是美国汽车业的超级巨星,他那享誉汽车行业的推销术为福特公司创造了上百亿美元的收入。可是1978年7月13日,艾柯卡在没有任何思想准备的情况下被嫉贤的老板开除了。老板把他赶到一个仓库中的小房间,还美其名曰是给艾柯卡还没有找到新工作之前的办公室。在奇耻大辱面前,艾柯卡并没有因此消沉。在被解雇受辱之后,艾柯卡接受担任濒临倒闭的克莱斯勒汽车公司总裁一职,他以卓越的管理才能,使克莱斯勒公司喜获新生。仅1984年一年,他就为公司赚取了24亿美元的利润,比这家公司前60年的利润总和还要多!顽强的精神、超群的才智、辉煌的成就,使得艾柯卡成为美国人心目中的英雄。

一个人在顺境中获得成功,固然是锦上添花,而逆境中打翻身仗方显英雄本色!艾柯卡如果没有第二次的成功,至多不过一推销巨星而已,正是逆境中的崛起才造就了他的"英雄"之名。

事实上,人生从来没有真正的绝境。无论遭受多少艰辛,无论经历多少苦难,只要一个人心中还有信仰存在,那么总有一天,他就能够自己走出困境,让生命重新开花结果。人生就是这样,只要信念在,希望就会存在。

幸福寄语

在人生的道路上,每个人都会遇到各种各样的挫折。其实,挫折并不可怕,只要我们心中还有信仰存在,那么总有一天,我们就能够自己走出困境,让生命重新开花结果。人生就是这样,只要信念在,希望就会永远存在。

...第12章

幸福是对自己的"经营"

走自己的路，不要屈从于别人的意志

山不解释自己的高度，依然还是耸立云端；海不解释自己的深度，并不影响它容纳百川；地不解释自己的厚度，也不会有谁能够取代它的地位。

身在职场的我们，做人也不需要有太多的解释，没必要为别人的看法而活着。在当今社会，与人相处，最为关键的就是要学会放低姿态，做好自己。

在日常工作中，我们难免会遭遇一些让人难堪的误解，甚至会遭到他人不公正的批评和辱骂，倘若遇到这样的情况，切记不要因对方一句不公正的批评或难听的辱骂而失去理智。一定要保持清醒的头脑，要明白"桃李不言，下自成蹊"的道理，关键时刻一定要做好自己，别太在意别人的想法。

丹尼·徐是一个东方少年，和家人住在美国宾夕法尼亚州，他的兄弟们考入了我们熟悉的常青藤学校。丹尼·徐与他的兄弟不同，他从小就是个非常顽固的孩子，经常让父母头疼。他居然在12岁生日那天，说服了前来庆祝他生日的朋友们，成立了环境保护团体——"地球2000"。最让人吃惊的是，没过多久，这个团体居然成为了美国最大的社会团体。同时，他还组织了动物保护运动、各种慈善筹款活动，在十几岁那年，丹尼·徐就成为了美国环境运动、市民运动的代表者。

高中时，丹尼·徐的英语、社会学、化学等科目的学分都是F，平均成绩也只有D。学校总共170名高中生，他名列第169名。丹尼·徐说自己的目标不是上名牌大学，而是"修复已损坏的地球"。

丹尼·徐将技术、时尚、环境保护和慈善事业结合在了一起，登上了新生活方式的领导地位。其实，他也有老师，但这些老师都是通过书籍认识的。他从艾伯特·史怀哲博士身上学到了慈善事业与坚定的道德基础，从管理媒体奇才鲁珀特·默多克身上学到了有效决策和管理技术。

他还在家政女王玛莎·斯图尔特身上学到了："无论批评多么严重，你只需要听取内在的声音，走自己该走的路。"这给了他很大的影响，促使他形成了独立的人生观。对于丹尼·徐早已选好的人生道路而言，玛莎女士是他人生道路上最好的老师。丹尼·徐呐喊："世界是敞开的，有梦想的人，带着你的信仰，大胆地走自己的路吧！"

每个人都有试图改变世界的惊人希望与热情，丹尼·徐就是这样的人。

少年时候，积累起来的希望会成为他们强大的促进力。不需要任何解释，只要给予知识、激励就足够了。期待感是给人们无限力量的钥匙，精神的自立是让他们成熟的催化剂。大人们首先要认同他们，然后再给予鼓励，不可以把他们推向绝望的边缘，而应该向他们敞开希望的出口，因为每个人都有绝对的能力来改变整个世界。

改变世界的力量，其实就是互相信任。我们所经历的问题，源于缺乏信任与信赖。政治和经济不可能完全改变世界，技术和科学不能真正地改变世界，改变世界的唯有信任与信赖。

清代有两个书法家，一个极认真地模仿古人，讲究每一笔每一画都要酷似某某，如某一横要像苏轼的，某一撇要像张旭的。假如某一笔很像某个古人的，他便很得意。另一个则恰恰相反，不仅要非常刻苦地进行练习，还要求每一笔每一画都不同于古人，讲究自然，只有每一笔都没有前人的影子，他才觉得高兴。

有一天，第一个书法家嘲讽第二个书法家，说："请问，您的字有哪一笔是古人的？"后一个并不生气，而是笑眯眯地反问了一句："也请问一句，您的字，究竟哪一笔是您自己的？"第一个听了，顿时张口结舌。

个性是一个人最宝贵的财富，正因为个性的差异，才构成人生万象的异彩纷呈，才谈得上相互学习、相互促进、相互吸引。如果大家是同一种性格，那么这个世界应该是多么单调。

美国银行学权威简尼先生说："一个人如果老是活在他的幻想中，今天想这样做，明天想那样做，天天计算如果他怎样做，将会得到怎样的结果。但他就是不肯下定决心，抱着自信心着手进行，这样他不但永无出头的一天，而且一点成果也干不出来。常常听见有许多人说，他'当初'如果能实行了他的计划，'现在'早已获得怎样的成就了。这种人的唯一错处，就是他们缺乏实行的决心和勇气。"

任何人在准备做任何事情的时候，都一定要考虑到三条基本原则：一是这件事应不应该做；二是这件事将会延续多长时间、中间的过程以及可能遇到的困难是否有了估计；三是从宏观上去考察整件事情，看看它们从长远的眼光来看，是否还有意义。

如果一个人的行动完全取决于别人的看法，他就会失去自我，成为别人意愿的奴隶。

在任何时候都要坚持自己的主见，都不要让生命屈从于他人的意志。"走自己的路，让别人说去吧。"一个人不懂得坚持自己的立场注定毫无成就，只有那些始终坚持自己立场的人才能够取得事业的成功。

对每个人来说，凡事都要有自己的主见，不要太在意别人的看法。在面对双项甚至多项选择时，决定权永远在我们自己的手中。也许有时我们自己的选择并不是最好的，但这就是人生。让自己成为掌舵人，即使这艘船在我们的生命中行驶得有点颠簸，我们也会在快乐的航行中抵达自己的生命彼岸。倘若一味地因为他人的看法而改变自己，那么你会活得越来越没有自我。一个人想要达到最终的目标，就不能放弃自己，就一定要坚强地走完这条路。放弃自己，不仅会使你失去已经拥有的成就，而且会让你的人生变得毫无意义。

幸福寄语

每个人都有属于自己的人生,我们没有必要活在别人的眼光下,我们没有必要为了别人而活着,我们应该好好地为自己而活。在这个复杂的世界上,很多时候,我们为了达到目标,就不能放弃自己,就一定要坚强地走完这条路。倘若轻易地放弃自己,那么你不但会失去已经拥有的成就,而且还会让自己的人生变得毫无意义。

保持自我,做最与众不同的自己

每个人都有自己的长处和短处,在这个世界上每个人都是独一无二的。一个人要想取得成功就要懂得把自己与众不同的一面展现给别人,用自己独特的个性来换取理想的桂冠。也就是说,每个人做任何事情都得有自己的风格,久而久之风格就会成为自己最好的名片。

在一次讨论会上,面对会议室里的 200 个人,一位著名的演说家没讲一句开场白,手里却高举着一张面值为 20 美元的钞票。

他问:"谁要这 20 美元?"一只只手举了起来。他接着说:"我打算把这 20 美元送给你们当中的一位,但在这之前,请准许我做一件事。"说着,他将钞票揉成一团,然后问:"谁还要?"仍有人举起手来。

他又说:"那么,假如我这样做又会怎么样呢?"他把钞票扔到地上,又踏上一脚,并且用脚碾它。然后他拾起钞票,钞票已变得又脏又皱。

"现在谁还要?"还是有人举起手来。

"朋友们,你们已经上了一堂很有意义的课。无论我如何对待这张钞票,你们还是想要它,因为在你们看来,它并没有贬值,它依旧值 20 美元。在人生的道路上,你们会无数次被自己的决定或碰到的逆境击倒、欺凌甚至碾得粉身碎骨。你们觉得自己似乎一文不值。但无论发生什么，或将要发生什么，在上帝的眼中，你们永远不会丧失价值。在上帝看来，肮脏或洁净，衣着整齐或不整齐，你们依然是无价之宝。生命的价值不依赖我们的所作所为，也不仰仗我们结交的人物，而是取决于我们本身！你们是独特的——永远不要忘记这一点！"

也许一个人的个性不合乎"潮流"，但却合乎生活本身。为了追赶"潮流"而改变个性，那不过是做了一篇虚情假意的"文章"而已。潮流总是不断地在改变，你的文章难道也要一次次重写吗？

狭隘的人总要扼杀别人的个性，软弱的人总要改变自己的个性，而一个坚强的人却总能够活出自己的个性来。

有一位电车长的女儿，花了许多努力才懂得这个道理。她的梦想是成为一位歌唱家，但是，她长得并不好看。她的牙齿暴突，嘴很大，一次在新泽西州的一家夜总会里公开演唱的时候，她总想把上嘴唇拉下来，好遮挡住她的龅牙，她想表演得"很美"，可是结果呢？她让自己丑态百出，最终还是未能逃脱失败的命运。

有一天，有一个在夜总会听这女孩唱歌的人，认为她很有天分。"我想告诉你，"他很直率地说，"我一直在观看你的表演，我知道你想遮掩什么，你觉得你的牙齿长得很难看。"这个女孩非常窘迫，但那人继续说道："为什么要这样呢？难道长了龅牙就罪大恶极吗？不要去遮掩，张大你的嘴，他们就会喜欢你的。"他接着很犀利地补充了一句："说不定你想遮起来的那些牙齿，还会带给你好运呢。"

这个女孩接受了他的忠告，不再注意自己的牙齿。从那时候开始，她想到的只有她的观众。她张大了嘴巴，热情奔放地唱歌，之后，她成了电影界和广播界的一流当红明星。

其实，我们每个人都有潜能，所以，我们不必要再浪费一点一滴的时间，去担忧我们在别人眼中的样子是否完美。你是这个世界上独一无二的，以前从未有过的——从开天辟地直到现在，从未有过完全跟你一样的人。

在这世界上每个人都是独一无二的个体，每个人都可以做自己命运的主人。我们只要有自己的主见，不随波逐流，不人云亦云，不拘泥于陈规陋习，不缩首缩尾，每个人都能活出自己的风采，走出别样的人生。

原北大教师俞敏洪，在校外兼职做培训，惹怒了学校，给了他处分。而正是他的"不安分守己"，不愿被学校拘泥与束缚，毅然选择了辞职。正是由于他的"叛逆"，他敢于向世俗、向权威挑战，所以他敢于走出去。而走出北大成了他人生的分水岭，成就了他辉煌人生——创立了新东方学校。如果他一味地逆来顺受，受限于北大的规矩中，前怕狼后怕虎，那他现在仍不过是北大的一个教书匠，也不可能做大做强自己的事业，更成就不了今天的新东方教育科技集团，成就不了这民办教育的神话。

一个有作为的人要有敢想、敢做、敢闯的精神。纵使撞得头破血流、一败涂地；纵使付出了巨大的努力，也没有取得预期的成绩，但最起码也收获了经验教训，收获了人生阅历，这才是人生最宝贵的一笔财富。在这个世界上，我们付出努力不一定会成功，但不去努力肯定不会成功。在我们的心目中，第一个吃螃蟹的人是智者更是勇者。敢为人先去做一桩事，没有智慧的头脑不行，没有过人的勇气更不行。一件事设想得再完美、论证得再科学，如果不敢付诸行动去实施，终是空中楼阁，没有任何意义。

哥白尼正是敢于向封建权威挑战，不畏惧封建教会的残酷迫害，才以惊人的天才和勇气揭开宇宙秘密，创立了"天体运行论"，提出"日心说"，推翻了长期以来居于宗教统治的地心说，实现了天文学的根本性变革。如果他不敢于坚持真理，那么他的伟大发现，必定湮没于历史的尘埃中，人类的天文史也必定在谬误中止步不前。

人活在这纷纷扰扰的尘世中，要保持自我并不是一件容易的事情，但我们只要坚守心中的信念，明确目标，不惧世俗风雨，勇往直前，勇敢面对一切困难险阻，相信每个人都能活出自己的风采。大千世界芸芸众生，每个人都有自己的独特之处，有自己的闪光点，只要扬长避短，发掘自身的优点，坚持自我，相信每个人都能走出别样人生。

幸福寄语

在这个世界上，每个人都有自己的长处和短处，每个人都是独一无二的。一个人要想取得事业的成功，就要懂得把自己与众不同的一面展现给别人，就应该用自己独特的个性去获取事业的成功。

全身心地投入到目标中

人生不能没有自己的目标。我们不知道自己的目的地，怎么知道应该上哪一班车？在职业生涯发展的道路上，只要不放弃目标，每一次挫折、每一次失败都是有价值的。

一个人想在院子里盖间小厨房，当他确定了盖厨房这个目标后，他开始注意收集砖块、瓦片等材料。只要走在街上，他就会留意哪里有砖块、哪里有瓦片，碰见砖头捡块砖头，碰见瓦片捡块瓦片，经过一段时间，他就把原料备全了，最后把小厨房盖起来。

如果连盖厨房这个目标都没有，那么他走在街上就不会注意是否有砖块，也不会注意是否有瓦片，即使这些材料都摆在他的面前，也会被他当作是世界上最没有用的东西。

人与人之间的根本差别并不是天赋、机遇，而在于有无目标。成功是用目标的阶梯搭就的。你为什么是穷人？为什么你在职场上打拼很长时间却依然没有任何成就？最主要的一点就是——你没有立下成为富人的目标。所以，成功的第一步就是从设立目标开始的。

唐太宗贞观年间，长安城西的一家磨坊里，有一匹马和一头驴子。它们是好朋友，马在外面拉东西，驴子在屋里推磨。贞观三年，这匹马被玄奘大师选中，出发经西域前往印度取经。

第12章 幸福是对自己的"经营"

17年后，这匹马驮着佛经回到长安。它重回磨坊会见驴子朋友，并向驴子谈起了这次旅途的经历。浩瀚无边的沙漠，高入云霄的山岭，凌峰的冰雪，大海的波澜……那些神话般的境界，使驴子听了感到非常震惊，也心生向往。驴子惊叹道："你的见闻是多么地丰富！那么遥远的道路，我连想都不敢想。"老马说："我们走过的距离其实大体是相等的，当我向西域前进的时候，你一步也没停止过。不同的是，我同玄奘大师有一个遥远的目标，按照始终如一的方向前进，所以我们打开了一个广阔的世界。而你被蒙住了眼睛，一生就围着磨盘打转，所以永远也走不出这个狭隘的天地。"

原来，杰出人士与平庸之辈最根本的差别，并不在于天赋，也不在于机遇，而在于有无人生的目标！

就像那匹老马与驴子，当老马始终如一地向西天前进时，驴子只是围着磨盘打转。尽管驴子一生所跨出的步子与老马相差无几，可因为缺乏目标，它的一生始终走不出那个狭隘的天地。生活的道理同样如此。对于没有目标的人来说，岁月的流逝只意味着年龄的增长，平庸的他们只能日复一日地重复自己。

也许，我们曾经不满于自己的平庸；也许，我们曾经抱怨过生活的无聊。然而，当我们在心中为自己设下目标并持之以恒地向前迈进时，我们的生活也就掀开了新的一页。

有一天，一位禅师带领弟子们念完佛经后，对众弟子说："读万卷书，还要行万里路。光读经不做事是不行的。走，我带你们插秧去！"

插秧谁不会啊？弟子们争先恐后下田忙活起来。但是，他们插的秧苗弯弯曲曲，只有禅师插的秧是一条直线。

弟子们大惑不解："师父，你是不是有什么插秧的秘诀，为什么你插的秧苗像用尺子量过的那样整齐？"

禅师笑着说："其实很简单，你们插的时候眼睛盯着一样东西就能插直了。"

弟子们如获至宝，马上动手实践，可这次插的秧苗竟然是一道弯曲的弧线。

"师父，我们照你说的做了，还是插不直。"

"你们是否一直盯着一样东西？"

"是啊，我们盯住了水田旁边吃草的水牛，那可是一个显眼的大目标啊。"

"水牛边吃草边走，你们盯着它插秧，它不停地移动，你们怎么可能插直？要盯住那边那棵大树那样明确不动的目标才行。"

水牛边吃草边走，人们则是边走边改变目标。所谓"无雄心者常立志"，三百六十行，哪一行的状元都不是那么好当的。怎样才能少走一些弯路呢？秘诀就是确立明确的目标，然后心无旁骛地去追求。

有很多人经常会设置自己的目标。今天要做科学家，过几天又要做医学家，再过几天又开始想做艺术家。这样的人在我们身边随时都有可能遇见，也许你自己正是这样的人。目标多了也就没有了目标，要想完成一个梦想，就必须确立一个明确的目标，并且全身心地投入到自己的生活目标中去。

目标明确是事情成败的关键因素。如果目标不明确，只会白白地浪费时间和精力，虽然很努力，但结果却与最初的目标背道而驰。就像盖房子的时候，建筑工人总会用绳子拴一个线坠当作测量的目标，朝着一个方向走，总能很快地达成目标。在现实生活中，有很多人总是没有明确的目标，今天想着明天要做这件事情，等到了明天，又改变了昨天的想法。这样的人，怎么可能坚持不懈地去完成自己的梦想呢？

目标明确后再去做事情，既节省了时间又能准确地达成目标。

比尔·盖茨当初成立微软公司的时候就说要做最好的软件给世界，他做到了；乔布斯当初成立苹果公司的时候说要用苹果改变世界，他做到了；李嘉诚做长江实业的时候说要做最好的塑料花，他也做到了。他们最后都收获了成功，这是因为他们坚持一个明确的目标，如果没有当初的这些目标，他们就不会取得今天这样的成就。一个人走得远不远，飞得高不高，主要取决于他的目标，目标决定着你的方向。

第12章 幸福是对自己的"经营"

幸福寄语

人生不能没有自己的目标。一个人如果没有宏伟目标,就很难取得辉煌的成就。一个人走得远不远,飞得高不高,主要取决于他的目标,目标决定着你的人生方向。一个人如果能够树立明确的目标,就能够始终坚持自己的信念,就能够勇敢地去面对各种艰难险阻,从而一步步地走向理想的彼岸。

成为自己想成为的人

成为自己想成为的人,这很重要。人生是否成功,自己才是最重要的评判者,标准就在自己心里。

假如你认为自己的理想就是要成为一个网络高手,你一坐在电脑前就感到充实,感到生命有意义,那么你就是成功的。但假如你一坐在电脑前就有一种堕落感,你不认为这是你应该过的生活,但却无力自拔,网络仿佛是海洛因,给你一时的兴奋,然后让你陷入更大的空虚之中。如果你是这样的状态,那么你的技艺再高,也只是个失败者。

对待自己的家庭,对待自己的职业,对待自己的生活,标准从来都只有一个——它是不是你想要的!

一个有理想的人就应该知道自己想要做什么,想要达到什么目标,想要成为什么样的人,这才是幸福的。

约翰·洛克菲勒14岁那年,在克利夫兰中学上学。放学后,他常到码头上闲逛,看商人做买卖。有一天,他遇到一个同学,两人边走边聊。那个同学问:"约翰,你长大后想干什么?"年轻的洛克菲勒毫不迟疑地说:"我要成为一个有10万美元的人,我一定会成功的。"果然,他成功了，他成为了世界上第一个亿万富翁，他的家族成为了美国历史上最伟大的家族。

谁也无法忽视想象的力量。人类的所有发明和创造都是建立在大胆的想象之上的。一个人相信某种思想和观点，他就会千方百计地寻找对自己有利的证据，这种思想和观点也在寻找证据的过程中得到强化，最终在这个人的大脑中留下挥之不去的烙印。一个人在心中认为自己是什么样的人，他就会按照这个人应该具有的行为去要求自己，提高自身的标准，这就是"自我塑造"。

有一次摩根去麻州检查工作，当地一位销售人员抱怨说，在西奥克斯出售保险单是一件不可能的事情，理由有两个，一是那儿的人是荷兰人，讲究宗派，不愿买生人的东西；二是当地几年歉收，人们的购买能力不足。

摩根没有受到这种抱怨的负面影响，反而决定第二天亲自驱车去西奥克斯推销保险单。去的路上，摩根调整着自己的心理状态，他闭着眼睛，让身体放松下来，进入沉思默想。他一再地思索用什么办法，可以同即将见面的荷兰人做成生意，而不去想为何做不成生意。

摩根想，荷兰人既然讲究宗派，必然有从众心理，如果能够将保险单推销给他们中的一个人，尤其是一个领袖人物，那么就可以轻松推销给其他人。另外，当地不是歉收吗？这说明当地人迫切需要经济收益，如果我向他们提供一种低风险的赚钱门路，他们是很有可能接受的。

念头打定，车子也停靠到了西奥克斯中心。摩根首先去当地银行，向银行打听荷兰人的实际情况，包括他们的领袖人物是谁。随后，摩根找到了领袖人物，迈克尔先生，向他诚恳地讲明了来意，说清了利益上的得失。迈克尔先生思量之后，收了摩根的保险单。不消多说，更多的保险单被顺利地推销给了当地人。

一念之差，导致天壤之别。销售人员失败的原因是他用消极的心态去看待困难；摩根之所以成功，是因为摩根一心着眼于积极的方面，从不可能中搜出了可能的对策。

摩根告诉儿子，无论做什么事，都要采取积极的态度，这样就能引导出积极的对策，制造奇迹，从而获得智慧、品质、幸福、健康等比家族财富更加珍贵的东西。

伟大的灵魂总是相通的，摩根推崇"积极暗示"的这种做法，在70多年后得到了心理学专家的肯定。

美国心理学家麦克斯威尔·马尔茨指出，人的大脑和神经系统构成一种奇特的"目的追求机制"，这种机制就像巡航导弹一样，能够帮助人们自动击中目标。倘若你总是告诉自己"我不行"，潜意识就会证明这一点。相反，倘若你以暗示的方式在潜意识里设定积极的目标，潜意识就会引导你的人生际遇走向积极的方向，从而实现设定的目标。

自我暗示也叫自我肯定，是对一件事物进行积极有力的叙述。自我暗示可以表现为默默自语，可以大声说出来，还可以在纸上写下来。每天进行大约十分钟的自我暗示，我们就能够在潜意识里设定积极的目标，以抵消陈旧的、否定性的思维模式。

其实，无论你有着什么样的背景、经历和智商，只要依靠暗示，培养积极态度，你都可以化劣势为优势，得到想要的东西，成为想成为的那个人。

幸福寄语

一个人是否成功，自己才是最重要的评判者。无论你有什么样的背景、经历和智商，只要培养积极的人生态度，你都可以化劣势为优势，得到想要的东西，并且能够成为自己想成为的那个人。

...第13章

放宽心胸，看开世界

在困境中，依然怀抱希望

人生的道路绝不是平坦的，每个人都会遇上困难险阻。有的人面对困境手忙脚乱，不知如何是好，甚至有些人却因为苦难而改变了原本的性情，变得苦闷不堪，悲观失望。但是，有的人却能够把苦难当成是人生的考验，在身处困境之中依然能够为梦想而奋斗，并且始终怀抱希望，始终相信自己最终会成为一个成功者。

一次，拿破仑在与敌军作战时，遭遇顽强的抵抗，队伍损失惨重，形势非常危险。没有援军，自己的人员又日渐减少。许多人都以为这次必败无疑，但拿破仑没有放弃打胜仗的希望，他的雄心在困境中越发地被激起。

他准备带领士兵们冲锋的时候，一不小心掉入泥潭中，被弄得满身泥巴，狼狈不堪。可此时的拿破仑浑然不顾，内心只有一个信念，那就是无论如何也要打赢这场战斗。

拿破仑大吼一声"冲啊"，他手下的士兵被他坚强的意志所鼓舞，一时间，将士们群情激昂、奋勇当先，最终取得了战斗的最后胜利。

人的一生会遇到很多逆境，但每遭受一次挫折，我们对生活的认识就会更全面一点；每失败一次，对成功的觉悟就会提高一阶；每不幸一次，对快乐的内涵就会深刻一层。

身处人生的困境之中，我们更能找到自己的价值，发掘自己的潜能。当面对人生困境时，我们反而更加不能丧失希望，而是要鼓励自己坚持走下去。因为困境是赋予我们寻找自我价值的大好机会，黑暗中更能爆发潜力，冲破重围。

心存希望是走向成功必不可少的品质。心中充满希望，就能以坦然的心情看待挫折和打击，就能在黑暗中看到光明，在逆境中找到出路。

第13章 放宽心胸，看开世界

成功的人往往在顺境中心存感恩，在困境中永远都心存希望！无论你是否看得清未来，无论你的前途是否仍处于暗淡之中，只要希望之火不灭，你就一定会凭着它找到出口。

有一个农民在翻越一座山时，被一个土匪撞见。农民吓得躲进了一个山洞，土匪也穷追不舍地跟进了山洞。农民没有土匪身手敏捷，没逃几步就被抓住了。

农民遭到了一顿毒打，还被抢走了身上所有的钱财，包括一盏夜间照明用的灯。土匪不许农民跟着自己出山洞，命令农民第二天再走，农民就老老实实地待在原地。

这山洞千回百转，极深极黑，且洞中有洞，纵横交错，活像一个地下迷宫。土匪暗自高兴自己从农民那里抢来了照明灯，于是他借着亮光在洞中行走。光亮使他能看清脚下的石块，周围的石壁。可是，虽然他不会碰壁，不会被石块绊倒，但是，他走来走去，却总是走不出这个洞，反而越走越深。

老实的农民等了很久，才开始出山洞。没有照明，农民就在黑暗中摸索着艰难前行。他不时碰壁，还不时被石块绊倒，浑身都受了伤。但伤痛并没有让他失去希望，他一步一步慢慢地行走着。

正因为他置身于一片黑暗中，所以他的眼睛就更为敏锐，能够感受到洞口透进来的微弱的光线。他迎着这缕微光摸索爬行，最终找到了出口，逃离了山洞。

许多身处黑暗的人，虽然磕磕碰碰，历经各种磨难，但最终走向了成功；而另一些人往往被眼前的光明迷失了前进的方向，所以终身与成功无缘。

每个人都会经历人生的黑暗期，都会遇到挫折和困难。困难和挫折打击着我们的自信，让我们看不清前方的路。但只要希望不灭，信念就会永存。困境磨砺人的意志，练就人的谨慎细心，也磨炼了人对成功的无限渴望。

困境是一笔财富，只有在困境中摸爬滚打最后获得成功的人，才能更加懂得珍惜，更加懂得感恩。困境中的人比一帆风顺的人更容易迈向成功，更容易听到成功的呼唤，就像黑暗中的人更容易感受光明的指引一样。

幸福寄语

人生的道路是崎岖不平的，每个人都会遇到各种各样的挫折。有的人面对挫折手忙脚乱，有的人因为苦难而变得苦闷不堪，悲观失望。但有的人却能够把苦难当成是人生的考验，在身处困境之中依然能够为梦想而努力奋斗，并且始终怀抱希望，相信自己最终会获得成功。

己所不欲，千万勿施于人

孔子曾说："己所不欲，勿施于人。"这实际上是教我们在人际交往中，对待别人要像对待自己一样，自己不喜欢的千万不要强加于别人。

一般情况下，自己不喜欢的东西，别人也不会喜欢；自己讨厌的东西，别人也有可能讨厌；自己喜欢的东西，别人也许接受不了。所以不能把我们自己的喜恶强加于别人，这是对别人的不尊重，也是对自己的不尊重。

某女买了件时兴的上衣，回去之后她在镜子面前照了半天，发觉自己的肤色和这件上衣不配。于是某女非要把自己买的衣服推销给朋友。朋友向来和某女的审美观不太一致，再加上她确实觉得这衣服不符合自己的气质，于是推辞。某女为了让朋友要这件衣服，用尽了手段，两人最后闹得不欢而散，各奔东西。

别人骂你，你心中必定不快，所以你就不要随便骂人；你不愿被人欺骗，那你最好不要去欺骗别人；你最讨厌别人在背后对你指手画脚，那你就不要在背后去非议别人。这就是"己不欲,不施人"。

人们习惯于从自身的角度出发,站在自己的立场上来理解和看待别人,所以不同程度地以自我为中心。人们习惯于把交往中的矛盾归罪于对方,双方各执一词,互不相让,自然难以达成相互理解。

富勒说过:"向别人扔污物的人,把自己弄得最脏。"

几千年来,人类在处理人际关系问题上,始终都信奉这样一条原则:种瓜得瓜,种豆得豆。你如何对待别人,别人也会如何对待你;你种的是善因还是恶因,你强加于人的是自己的喜或恶,最后都会报应在你的身上。

狼和狈是一对好朋友,它们经常合伙去干偷吃鸡鸭的勾当。一次它们偷了农夫的鸡,喜欢喝鸡血的狼建议喜欢吃肉的狈也喝喝鸡血,狈不乐意,于是狼与狈大吵一架,分道扬镳而去。

如果我们懂得"角色互换",就不会出现"己所不欲,硬施于人"的情况。所谓"角色互换",就是站在对方的立场上,去理解和体会对方的想法和感受,也可以成为"换位思考"。只有学会"角色互换",才能公正地理解别人,客观地对待自己。

无论做什么事情,我们每个人都应该设身处地去为别人着想。身为一名尽责的推销员,要有商业道德,不要只为赚取更多的利润,而硬将顾客不需要或品质低劣的产品推销出去。如果作为推销员的自己遇到这种情形,会有什么样的想法?

埃拉拉比出身贫寒,靠自己的天赋和勤奋,掌握了渊博的知识,两千多年来,他的言论一直被人们广泛引用。

埃拉拉比当了犹太教首席拉比之后,有一次来了一个非犹太人。他要埃拉拉比在他"能以一只脚站立的时间里,把所有的犹太学问告诉他"。可是,他的脚还未提起来,埃拉拉比已要言不繁地把全部犹太学问浓缩为一句话告诉了他:"不要向别人要求自己也不愿意做的事情。"

人,是社会中的人,不能脱离社会而存在。这意味着,人与人之间必然要发生联系。我们每个人都希望能得到他人的尊重,都希望得到他人的理解。"己所不欲,勿施于人",便是一条极便于掌握的互相理解、互相体谅、互相谦让的与人相处的原则。

幸福寄语

在很多时候，自己不想要的东西，别人也不会要；自己讨厌的东西，别人也有可能讨厌；自己喜欢的东西，别人也许接受不了。所以，在人际交往中对待别人要像对待自己一样，千万不要把自己的喜恶强加于别人，非要他人和自己一样。

世界上没有绝对的公平

世界上从来就没有绝对的公平，家庭成员之间没有，职场上更是没有。虽然现在人们呼唤公平与平等，而且大多数情况下，人们也是在公平、公正的原则下做事。但不可否认的是，几乎每个职场人都曾感到自己受着不公平的待遇，却又无法苛求自己的上司把一碗水端平，无论是所谓的"好"上司，还是所谓的"坏"上司。

公平，这是一个让职场人感到非常受伤的词语，"好"上司也好，"坏"上司也罢，你永远都不可能在他们那里找到绝对的公平，你越想寻找到百分之百的公平，你就越会觉得上司对自己不公平。更何况，在现代职场追求真理的人往往很容易惹人讨厌。所以，你要想的、你能做的就是让自己清醒一点，不要渴望出现绝对的公平，学会接受现实，学会适应环境。如果你动不动就与上司理论、提出质疑，到头来受伤的还是自己。

美国的布鲁金斯学会多年来以培养世界上最杰出的推销员著称于世。该学会有一个传统，那就是每期学员毕业时，会给他们出一道最能体现推销员实战能力的实习题。

第13章　放宽心胸，看开世界

在尼克松当政时期，曾经有一位学员成功地把一台微型录音机卖给了尼克松总统。为了奖励他，学会赠给了他一只刻有"最伟大的推销员"的金靴子。但是在接下来的26年时间里，却再也没有人能够获此殊荣。

最有意思的是，在克林顿当政时期，学会居然给学员们出了这样一道难题：请把一条三角裤推销给现任总统。后来克林顿卸任，布什走马上任，学会的实习题也有所改变：请把一把斧子推销给布什总统。

由于之前26年时间里无数前辈都无功而返，许多学员都放弃了角逐金靴奖的机会。他们抱怨说，这个任务比推销三角裤还难，因为现任总统根本不需要斧头，即使需要也用不着亲自购买。

直到2001年，一位名叫乔治·赫伯特的推销员的出现，才再次打破了这一推销极限。然而，用乔治·赫伯特自己的话说，他却没花多少工夫。他说："我认为把一把斧子推销给布什总统是完全有可能的，因为总统在得克萨斯州有一个农场，里面有许多树。于是我给他写了一封信，信中说：'总统先生，有一次我有幸参观了你的农场，发现里面长着许多大树，有些已经枯死了。我想您一定需要一把斧头。眼下我这里正好有一把非常适合砍伐枯树的斧头，如果您有兴趣的话，请按这封信上的地址给予回复。'后来，他就给我汇来了买斧头的钱。"

曾经有记者这样问过布鲁金斯学会的负责人："26年的时间里，学会培养了数以万计的推销员，也造就了数以百计的百万富翁。难道说他们的能力真的不如乔治·赫伯特吗？为什么不把金靴奖发给他们？换言之，布鲁金斯学会不公平。"对此，该负责人回答道："这只金靴子之所以没有授予其他的学员，是因为我们一直想寻找这么一个人，这个人不因有人说某一目标不能实现就放弃，不因某件事情难以办到而失去自信。"

在乔治·赫伯特成功之前，布鲁金斯学会的每一个会员都有机会赢得金靴奖，这就是公平！当乔治·赫伯特将那把斧头成功地推销给布什总统后，他就赢得了金靴奖，这也是公平！

他的成功有力地证明了这样一个哲理：很多我们自认为难以做到的事情，并不见得真的难以做到，而是因为我们失去了自信和积极的进取心，有些事情才越发显得难以做到。人类的通病，就是轻而易举地将某些事情用"不可能"简单化，这也是成功路上的最大障碍。如果不以打破这种精神牢笼，把对梦想化成奋斗的动力，这辈子你可能真的与成功无缘了。

所以，每一个成功路上的竞赛者都应该立即为自己制定一个明确的目标，知道自己要的是什么，并用热切的渴望、积极的行动去实现它，而不是一味地去抱怨世界的不公。因为世事没有绝对的公平，一味地追求公平只会让人心理失衡；一味地为了公平而争斗，只会让我们舍本逐末，失去更多。更何况，又有谁会在意一个失败者的抱怨呢？

公平，只是相对来说的，就像一个人，他昨天捕到了鱼，那么对他，是公平的；他今天没捕到鱼，那么对鱼来说，鱼是公平的。如果因为没捕到鱼就认为不公平，这就错了。公平永远是相对的，就是到了上帝那儿也找不到绝对的公平。这是我们每个人都必须清楚的事实。我们永远都无法否认时时刻刻都发生在世上每个角落里的不公平！

面对是否公平这件事，在于我们如何看待。人的十个指头都不一样长，又怎能要求在复杂的职场中，处世待人要求绝对公平呢？而上司们都有自己不同的喜好，这也不能保证他们对其他任何人都公平对待。如果在一个公司里，一个职员愤愤不平地说："我跟某人是同时进公司的，学历一样，干一样的工作，为什么他的薪金比我高呢？"这该如何回答呢？公平，是相对的公平。

因此，作为职场中人，就要抛弃公平与不公平的概念，接受企业的等级制度和淘汰制度，不要因自己的"仁义"而失去竞争力。因为在现实生活中，永远都不会出现你想象中的那种"公平"。现实就是这样，处处都存在着不公平，但是这种不公平在每个人身上发生的概率又是相等的，所以从这个角度来看，其实世界又是公平的。

那么，既然每个人遇到不公平的概率都是如此相近，我们就不需要抱怨那么多了。在我们面对工作的时候，所能做的就是踏踏实实地使每一步尽可能完美，做好自己的本职工作。

世界上的事从来都是一分耕耘，一分收获，有所施才有所获。职场中没有公平不公平,关键是你想要什么、付出了什么。不管是在什么样的公司从事什么样的职业,最重要的是端正自己的职业态度。所谓上司对我不公平,付出得不到回报等,都不是理由。一个人付出的努力也许一时看不到效果,但如果每天能兢兢业业地做好自己的工作,相信不论是什么样的上司都会看在眼里。

幸福寄语

在这个世界上从来就没有绝对的公平。虽然现在人们呼唤公平与平等,而且在大多数情况下人们也是在公平、公正的原则下做事,但不可否认的是,很多人都曾感到自己受过不公平的待遇。其实我们要关注的焦点并不在公平与否上,而是不停地付出,直到最后获得我们想要的东西,成为我们想成为的人。

得到与付出是成正比的

科学家爱因斯坦曾经提醒我们:"请记住,人是为别人而生存的。我们的精神生活和物质生活都依赖着别人的劳动,我们必须以同样的分量来报偿我们所领受了的和正在领受着的东西。"

一个人如果只考虑自己的利益,只知道接受,而在接受之后不懂得付出,结局将是让人难以忍受的。就像耕作一样,播种、插秧与除草,每一个栽培的动作,农夫们都必须尽心尽力地付出,在秋收时间尚未来到前,他们都明白,唯有努力付出才会有丰硕的收获。

一个年轻人,准备在他家所在的那条街上开一家商店,他向父亲征求意见:"我想在咱们这条街上开店赚钱,应该先准备些什么呢?"

他的父亲想了想说："咱们这条街商店已经不算少了，但门面房还有的是，你如果不想多赚钱，现在就可租两间门面，摆上货柜、进一些货物开张营业。如果你想多赚钱的话，就先得准备为这条街上的街坊邻居们做些什么。"

年轻人问："我先做些什么呢？"

他的父亲想了想说："要做的事很多，比如，街上的树叶很少有人打扫，你每天清晨可以将街上的落叶扫一扫，还有，邮差每天送信，有许多信件很难找到收信人，你也可以帮忙找一找，然后将信及时送给收信人。另外，还有许多家庭需要得到一些小帮助，你可以顺便给他们帮一把……"

年轻人不解地问："可这些跟我开商店有什么关系呢？"他的父亲笑笑说："如果你想把自己的生意做好，这一切都会对你有帮助，如果你不希望把生意做好，那么这一切也许对你没有多大的作用。"

年轻人虽然半信半疑，但他还是像他父亲说的那样去做了。他不声不响地每天打扫街道，帮邮差送信，给几家老人挑水劈柴，一旦谁遇到困难他就会前去帮助。不久，这条街上的人们都知道了这个年轻人。

半年后，年轻人的商店挂牌营业了，让他惊奇的是，来的客户非常的多，远的、近的，差不多一条街上的街坊邻居全都成了他的客户。甚至有一些老人，舍近求远，拄着拐杖，大老远地赶到他的商店里来买东西。他很惊讶，问他们说："你家的门口就有商店，怎么却要舍近求远呢？"

他们笑笑说："我们都知道你是个好人，来你的店里买东西，我们心里踏实。"后来，他送货上门，遇到一些暂时困难的人家，他总是先让他们取需要的货物，等什么时候人家有钱了，再来给他还上，知道有人遭遇了不幸，他会主动登门慷慨相助。

几个月后，邻街上的许多人也纷纷涌到他的店里来买东西。又过一年多，全城人都知道了他和他的小店，都一齐涌来了。于是他在另外一些街道上开起了一个个分店、连锁店，生意滚雪球般越做越大，钱当然也越赚越多。仅仅几年的时间，他就从一个一文不名的年轻人，摇身变成了一个拥有资产千万的企业家。

有一天记者采访他，问他短短几年为什么能有如此大的收获时，他想了想，说："因为在学会收获前，我先学会了付出！"

在这个世界上，没有付出就不会有收获。一个人只有经历了辛苦的耕耘之后，才能够收获丰硕的果实。这个年轻人为了梦想付出了巨大的努力，最终取得了事业的成功。

在一个又冷又黑的夜晚，一位老人的汽车在郊区的道路上抛锚了。她等了半个多小时，好不容易有一辆车经过，开车的男子见此情况二话没说便下车帮忙。

几分钟后，车修好了，老人问他要多少钱，那位男子摆摆手说："我这么做只是为了助人为乐。"但老人坚持要付些钱作为报酬。中年男子谢绝了她的好意，并说："我感谢您的深情厚意，但我想还有更多的人比我更需要钱，您不妨把钱给那些比我更需要的人。"最后，他们各自上路了。

随后，老人来到一家咖啡馆，一位身怀六甲的女招待员即刻为她送上一杯热咖啡，并问："夫人，欢迎光临本店，您为什么这么晚还在赶路呢？"于是老人就讲了刚才遇到的事，女招待员听后感慨道："这样的好人现在真难得，你真幸运碰到这样的好人。"老人问她怎么工作到这么晚，女招待员说为了迎接孩子的出世，需要第二份工作的薪水。老人听后执意要女招待员收下200美元小费。女招待员惊呼不能收下这么一大笔小费。老人回答说："你比我更需要它。"

女招待员回到家，把这件事告诉了丈夫。丈夫大感诧异，世界上竟有这么巧的事情。原来她的丈夫就是那个好心的修车人。

这个故事告诉我们一个道理：种瓜得瓜，种豆得豆。我们在播种的同时，也种下了自己的将来。你做的一切都会在将来的某一天、某一时间、某一地点，以某一方式在你最需要的时候回报给你。

在报酬法则之外还有另外一种超额报酬法则：只要你在提供服务上多下功夫，你的回报一定会增加。永远多走一里路，永远做多于所当做的。当你不断地付出，你就一定会获得相应的补偿。

宇宙是圆的，想得到爱，先付出爱，要得到快乐，先献出快乐，你播下种子终会收获。只问耕耘不问收获的人，没有什么事情做不成，也没有什么地方到不了。

幸福寄语

一分耕耘一分收获，我们只有尽心尽力地付出，才能够收获丰硕的果实。一个人如果只考虑自己的利益，只知道索取，而在索取之后不懂得付出，那么结局将是让人难以忍受的。所以，在很多时候，我们能够得到很多，是因为自己付出了很多。

...第14章

感恩之心是福善之源

信守你许下的承诺

一个人能否被别人信赖，关系到他是否能被别人接纳、尊重、支持，关系到他是否能获得成功。诚然，在这个世界上很多人对某些事物存在着偏见，但是，如果一个人能够信守自己许下的承诺，能够做到言出必行，那么，他一定能够受到众人的喜爱。

曾参是儒家的代表人物。有一次，他的妻子带孩子去市场买菜，一路上孩子哭闹不停，曾参的妻子就对儿子说："你回去吧，等我回去杀猪给你吃。"儿子听了就乖乖地回家了。等她回到家里，看见丈夫正准备杀猪，就急忙阻止说："我不过是想安抚儿子罢了，和孩子不用这么计较。"但是曾参非常认真地说："怎么能和孩子开这样的玩笑呢？孩子现在还小，你这样说话不算数，他一定有样学样。你现在欺骗他，就是教他不守信用。你不遵守约定，就会让孩子对你这个母亲失去信任。教育孩子可不能这样做！"说完之后，曾参就把猪杀了。

这个故事告诉我们，如果承诺了，就要信守自己的承诺；如果觉得自己做不到，就不要轻易地承诺。

晋文公重耳即位之后，有些诸侯小国却不愿臣服于他。原国虽小，可是得知始封之君是周文王的儿子，便不肯承认从国外逃亡归来的重耳作为他们的霸主。于是不断挑衅，制造事端。晋文公为平息动乱，完成霸业，决定讨伐原国。

战前，晋文公亲自部署作战方案，到士兵中作战前动员，他与士兵约定："根据我们的军事力量和原国的战斗实力，我们能够速战速决。以七天为期，降服原国。"

战争的进程出乎意料。原国的将士在强大的晋国面前，英勇顽强，沉着应战，尽管他们伤亡惨重，给养困难，但仍有拼死决战的势头。

七天限期已到，原国仍然十分顽强。晋文公为遵守诺言，便坚定地下达了撤离的命令。眼见原国已近绝路，军官们纷纷向晋文公进谏，请求再坚持一下，晋文公非常坚定地说："君主言而有信，遵守诺言是国家得以昌盛的珍宝，也是军队能真正立于不败之地的珍宝。为了降服原国而失掉如此贵重的东西，我们有必要吗？这样合算吗？"

这一仗晋文公虽然没有用武力征服，可是他言而有信、遵守诺言的名声早已传到了周围许多国家。

第二年，晋文公又发兵攻打原国。这一次他与士兵约定并向外发布："我们必须坚持到底，达到彻底征服原国的目的后再返回。"

原国人听到这个约定，知道晋文公不达目的不罢休，于是战幕尚未拉开就投降了。另外一个一直不肯臣服的卫国，也归顺了晋文公。

不肯兑现承诺，就没有人相信他的话。信守自己许下的承诺，别人都会相信他。

在现代社会，信用成为衡量一个人是否能获取成功的标准。只有那些"言而有信"的人才能够得到别人信任，才能够获得成功的机会。相反，那些"言而无信"之徒是怎么也不会得到别人信任的。

在一次大型出口商品交易会上，有一位英国商人拿着一件长毛绒小狗的样品，说是要找一个合适的厂家来复制。他问中方一位外销员："什么时候可以交货？"外销员研究了样品，思索后回答："最少一个月。"英国商人立即拿回了样品，不无遗憾地说："我想怕是来不及了，因为我明天就要离开这里了。"在这个时候，一位玩具厂的厂长走到英国人的面前，并向他做了一些简单介绍后说："这笔生意就由我们来做吧，我们明天上午10点钟，保证能够拿出复制的样品来。"那个英国商人担心地说道："你们厂不在本地，明天中午交出复制的样品，这是不可能办到的事。"谁知，玩具厂厂长胸有成竹地说："我用企业的信誉来做保证，明天上午我们一定能够准时交货。"这时英商还是表现出十分疑惑的神情，但是由于没有更好的办法，他也只好答应了。

这位厂长回到住处以后，就和他的那些助手们忙碌起来，设计员忙着剪图纸、剪绒，制作人员赶紧加工制作，厂长则进行着成本核算。就这样，他们在经过了一个通宵的紧张工作之后，在第二天上午10点钟，厂长很准时地带着五件复制样品出现在外商的面前。外商细看过样品后，很高兴地说："样品质量很好，更重要的是你们如此守信用，在这么短的时间里完成了这件工作。"于是，这位英国商人当场就向该玩具厂订购了将近10万件的玩具小狗。在这以后的几年之中，这位英国商人又向这个厂购买了150万件玩具，他成了这个玩具厂的一个大客户。

由此可见，守信用对于一个精明的商人是何等重要。试想一下，倘若没有当初能够准时准点地交出质量好的样品，又怎么会有后来的大批订购呢？在现实生活中，很多人常常非常轻易地许诺，到头来却无法将诺言变成现实。其实，这是非常愚蠢的。倘若你想取得梦想中的成功，倘若你想在商场中占有一席之地，倘若你想赢得一个好人缘，那么你就要信守你曾经许下的承诺。

幸福寄语

在现实生活中，有很多人把撒谎当作一种本事，他们也往往在撒谎的游戏中尝到甜头，所以很多时候就自觉不自觉地违背自己的承诺。长久以往，违背自己承诺的人，肯定会遭受人们的唾弃。一个聪明的人为了赢得理想中的成功，为了在商场中立于不败之地，更为了让自己赢得更多人的喜爱，就应该信守自己曾经许下的承诺。

学会激励自己，多坚持一下

人生在世，无论是成就学业或是事业，都是需要激励的。这激励，有组织的，有同人的，有家长的，有导师的，有亲朋的，更有自己的。尤其当自己单独从事某项事情或完成某项任务时，自我激励便显得更加重要。

苏联传记文学《古丽亚的道路》中，讲了这么一个故事：一次，古丽亚独自去德伯聂河上划船，起初顺风顺水，她轻松自如。后来，当她调转船头时，水流硬把船往下游送去，使她无法返回。这时天已黑了，河上又没有别的船，她努力镇定下来，不断地给自己鼓励："沉着，沉着，要看到希望，德伯聂河它不如我，我一定能战胜它！"

她坚定信念，逆水而上，跟汹涌的河水搏斗，终于在黑暗中安全返回码头。

她把这次经历告诉好朋友后说："我们在困难面前，要学会激励自己，勇于与困难作斗争，这样才能得到锻炼，使自己成为一个意志坚强的、对国家有用的人。"这自我激励的作用是多么地及时，多么地有效啊。如果古丽亚遇到险情时，没有自我激励，心灰意冷，毫无信念，恐怕就生还无门了。

在人生前进的征途中，有艳阳高照，亦有风雨残月；有鲜花相迎，亦有荆棘绊腿。真可谓，人有悲欢离合，月有阴晴圆缺。无论是逢好事喜事，还是遇难事忧事，都要及时自我激励。自我激励对于保持清醒的头脑，振奋精神信念，无疑是必不可少的。

在顺境时激励自己，就能够更加珍惜机遇，乘势高歌猛进，充分施展才华，争创更多佳绩；在逆境时激励自己，就能够及时坚定信心，鼓足浑身勇气，坚持迎难而上，实现激流奋进。

朋友们都认为阿曼达很有才华，但不知道他为什么不能靠写作维持自己的生活。

阿曼达认为他必须先有了灵感才能开始写作，作家只有感到精力充沛、创造力旺盛时才能写出好的作品。为了写出优秀作品，他觉得自己必须"等待情绪来了"之后，才能坐在打字机前开始写作。如果他某天感到情绪不高，那就意味着他那天不能写作。

不言而喻，要具备这些条件并没有很多机会，因此，阿曼达也就很难感到有多少好情绪使他得以成就任何事情，也很难感到有创作的欲望和灵感。这使得他的情绪更为不振，更难有"好情绪出现"，因此也越发地写不出东西来。

通常，每当阿曼达想要写作的时候，他的脑子就变得一片空白。这种情况使他感到非常害怕。所以，为了避免瞪着空白纸页发呆，他就干脆离开打字机。他去收拾一下花园，把写作忘掉，心里马上就会变得好受些。他也用其他办法来摆脱这种心境，比如去打扫卫生间，或去刮胡子。

但是，对于阿曼达来说，在盥洗间刮刮胡子或在花园种种玫瑰，都无助于在白纸上写出文章来。

后来，阿曼达借鉴了著名作家，国家图书奖获得者乔伊斯·奥茨的经验。奥茨曾经说过："对于'情绪'这种东西可不能心软。从一定意义上来说，写作本身也可以产生情绪。有时，我感到疲惫不堪，精神全无，连五分钟也坚持不住了；但我仍然强迫自己坚持写下去，而且不知不觉地，在写作的过程中，情况完全变了样。"

阿曼达认识到，要完成一项工作，就必须待在能够实现目标的地方才行。要想写作，就非要在打字机前坐下来不可。

经过冷静思考，阿曼达决定马上开始行动起来。他制订了一个计划。他把起床的闹钟定在每天早晨七点半钟，到八点钟，他便可以坐在打字机前。他的任务就是坐在那里，一直坐到他在纸上写出东西。如果写不出来，哪怕坐一整天，也在所不惜。他还订了一个奖惩办法：早晨打完一页纸才能吃早饭。

第一天,阿曼达忧心忡忡,直到下午两点钟他才打完一页纸。第二天,阿曼达有了很大进步。坐在打字机前不到两小时,他就打完了一页纸,较早地吃上了早饭。第三天,他很快就打完了一页纸,接着又连续打了五页纸,才想起吃早饭的事情。他的作品终于产生了。他就是靠坐下来动手实践,才克服了艰难的。

在工作中产生畏难情绪时,不能躲避,要强迫自己坚持下去。这样,你才能够逐渐适应和习惯比较困难的工作。

总之,自我激励能够给人以动力,给人以能力,给人以活力,给人以毅力,这样的"软实力"可以转化为"硬实力"。学会激励自己,是一种处世智慧,一种生存能力,一种发展本领,一种斗争策略。希望人生过得精彩、事业取得成功的人,不妨学会激励自己,善于激励自己。

幸福寄语

人生在世,无论是成就学业或是事业,都是需要激励的。一个有理想的人应该时时刻刻学会激励自己,善于激励自己。在自我激励中,你一定能功到自然成,创造新奇迹。

放下苛求,人生才会更幸福

世界上本来就没有完美无缺的人与事。中国有一句古训,人无完人,金无足赤。人一走向绝对,就会陷入人生的误区。但是,在现实生活中,很多人都不止一次地犯着同样的错误——过分追求完美。他们不仅苛责自己,也对别人求全责备。正是由于陷入这种误区,使得很多人错失良机,失去友情、爱情,以至失去了自我。

哲人说："完美本是毒。"事事追求完美有如喝下慢性毒药，一点一点地侵蚀着自己，最后痛苦不堪。

从前，有一个渔夫非常幸运地获得了一颗硕大而美丽的珍珠，然而他并不感到满足，因为那颗珍珠上面有一个小小的斑点。他想，如果能够将这个小小的斑点剔除，那么它肯定会成为世界上最珍贵、最完美的宝物。

于是，他就狠下心削去了珍珠的表层，可是斑点还在；他又削去第二层，原以为这下可以把斑点去掉了，然而它仍旧存在。他不断地削，一层又一层，直到最后，那个斑点没有了，可是珍珠也荡然无存了。后来，渔夫心痛不已，并由此一病不起。临终前，他无比懊悔地对家人说："如果当时我不计较那一个斑点，现在我手里还会攥着一颗美丽的珍珠啊！"

古人云，水至清则无鱼，人至察则无徒。金无足赤，人无完人，在这个世界上不存在没有缺点的人。白璧微瑕，正是由于那一点瑕疵才让碧玉如此珍奇。可是，在人际交往中，我们往往过分看重那一点"瑕疵"，而忽略"碧玉"本身的美。

一个被敲去了一小块的圆想要找回一个完整的自己，从而踏上了找寻那块碎片的路途。因为它是不完整的，滚动得非常慢，从而领略了沿途美丽的风景。有时，它和虫子们聊天，有时，它在阳光的怀抱中，尽情呼吸。它找到许多不同的碎片，但它们都不是自己想要寻找的那一块，于是它坚持地寻找着……直到有一天，它实现了自己的心愿。然而，作为一个完美无缺的圆，它滚动得太快了，错过了花开时节，错过了虫鸣鸟叫，也错过了阳光雨露。它很快意识到了这一点，便毅然舍弃了历尽千辛万苦才找回的碎片。

这个故事告诉我们一个道理：正是不完美，才令我们更可爱。一个完美的人，从某种意义上讲，是一个值得同情的人，因为他永远不可能体会到有所追求、有所希冀的感觉。

生命不是上天用来捕捉你的错误的陷阱。犯了一个错误，并不是代表你就成为了不合格的人。生命就像一场球赛，最好的球队也有丢分的时候，最差的球队也有辉煌的一天。我们的目标是尽可能让自己的球队得分多、丢分少。

世界上不存在绝对的完美，我们不能苛求完美，而辜负了生活本身的美好。正是因为不完美，所以我们每个人才变得可爱，所以我们要学着去接受别人的不完美，欣赏别人的可爱。因为不完美，所以我们才有动力去追求完美，在追求的过程中不断完善自我，使我们继续顽强地生存下去。

幸福寄语

在这个世界上，十全十美的事物是不存在的。然而，很多人却不止一次地犯着同样的错误——过分地追求完美。这个时候，人们往往容易错失很多良机，失去友情、爱情、亲情，甚至在苛责自己、责备别人的同时失去自我。其实，我们完全可以放下不必要的苛求，那么便可以拥有生命中的快乐。

培养自己的感恩之心

"忘恩负义"是最被人痛恨，也是最让人瞧不起的。现实证明忘恩负义的人得不到他人的信任和帮助，同时也不会取得成功。做一个不忘恩的人，是一个人最起码的道德素养，这些素养有助于我们形成完整的人格，有助于我们成为品德高尚的人。

每个人一生中都应该把握一些基本的做人原则，这些最基本的原则应该包括：善良、真诚、宽容、感恩。感恩是其中最重要的一项，从小我们就要培养自己的感恩之心，不能做一个忘恩负义的人。

做一个懂得感恩的人，在对帮助过你的人表示感恩之后，还要利用自己的力量去帮助需要帮助的人。

深圳青年歌手丛飞被称为"爱心大使"。从1995年起的10年间，他通过义演捐资300多万元，帮助178名贫困学子圆了大学梦。后来，他生了重病。走廊尽头，几个保安在站岗。屏风后的房间里，病人静静地躺在床上。阳光从窗外斜射进来，斑驳的树影搅动着平静的房间。穿绿色条格病服的丛飞，安静地看着书。手术后，他曾向医生询问病情，但医生和家人都没有如实告之。后来丛飞也仅仅知道自己患了胃癌，但并不知道癌细胞已经扩散。动手术后，他以为病已经治好，一切都会好起来。

"现在我能讲出话来了！"他说话还比较费劲儿，可精神不错。36岁的丛飞，刚做完第三疗程化疗，病情影响到声带。精神好的时候，他喜欢在病房和门口转悠，用眼神和别人交流，只有到非说不可的时候才开口。他说，如果嗓子恢复不了，做不了歌手，他还可以演哑剧。

那时，丛飞的妻子邢丹已经怀孕5个月了，她说，跟刚入院时相比，他已经好多了。那时她操心的不仅是医药费的问题，还要为丛飞的慈善事业而担心。因为，一些山区受资助的学生家长打电话询问学费的事情，这事很让丛飞烦心。有的家长在电话中说："你不是说好要将我的孩子供到大学毕业吗？他现在还在读初中，你就不肯出钱了，你这不是坑人吗？"

"请原谅。我生病了，好几个月都没有演出，暂时没法寄钱了。""什么时候病能治好？"对于这个问题，丛飞也答不上来，因为自从住进医院，大夫就没有和他谈过出钱的事情。邢丹说，丛飞曾和她讲，他将自己送上了天梯，上去后却下不来了。现在他是无力再往上走，但也没有下梯之路。

但是，就是这样一个一心一意帮助他人的好人，在家财散尽、身患癌症、生命垂危的时候，那些曾受他资助读完大学并已经有了一定经济基础的人，像是人间蒸发了一样，没有一个过来看望他一下。那些正在接受他资助的学生家长，竟还在不停地抱怨。

对这些无情的人和事，丛飞说自己"有一点儿伤心"。

但是，这绝不单纯是让人伤心的问题，更是社会道德缺失的一种明显表现。俗话说，"滴水之恩，当涌泉相报"。十年来，对自己所做的一切，丛飞肯定没想着将来要得到受助者的报答。但是，就受助者而言，在得到

第14章　感恩之心是福善之源

帮助之后,最起码的是应该常怀感恩之心,而不是像现在这样心生抱怨,甚至厉声指责。

虽然对丛飞心生抱怨的只是少之又少的一些人,但这还是让我们不免感到有些心寒。付出虽不能作为回报的订单,感恩之心却应该是人们给予施与者的最起码的"回执"。但近年来,在现实生活中,由于一些人已经信奉了市场第一、金钱至上的信条,导致其心灵扭曲、道德缺失,他们对需要帮助的人视而不见,对帮助过自己的人嗤之以鼻。

一天清晨,在一个平凡而贫困的家庭里,早晨的阳光穿透了薄薄的窗纱,照在了墙上。家里的小男孩早就醒了,但是他不愿意惊醒疲倦的父母,因为他们还在酣睡着。

其实,他的父母也早就醒了,只不过他们不愿面对儿子那双失望的眼睛。因为今天是11月的最后一个星期四——感恩节。可是,他们没有能力准备任何节日的礼物与膳食。

丈夫心想:倘若能够放下脸皮,去当地慈善团体联系一下,或许能分到一只火鸡过节。但是,他做不到这一点。"唉,怎么办呢?"

几个小时后,夫妻俩终于硬着头皮起床了。丈夫没有好心情,妻子当然也是唉声叹气的。生活太贫困了,他们又觉得去行乞很可怜,这个感恩节对他们来说,简直就是一种折磨。

就在一家人陷入深深的痛苦之时,突然响起了一阵敲门声。男孩跑去开门。门外站着一个高大的男子,他满脸笑容,手里提着齐全的节日膳食,火鸡、罐头,应有尽有,都是过节的必需品。一家人非常惊讶地看着他。那人说:"这些东西是一位知道你们有需要的人要我送来的,他希望你们知道,在这个世界上,还有人在关怀并深爱着你们。"

丈夫极力推辞这份礼物,但来人却说:"不要推辞了,我只不过是个送货的而已。"他面带微笑,将篮子挎在了小男孩的臂弯里,并轻轻地说:"祝你们感恩节快乐!"然后转身走了。

此时,小男孩的心里油然生起了一种无法用语言表达的神奇感受。这件发生在他童年时的"小事",后来竟然影响了他整整一生,并注定使他成为一个乐于助人的人。

转眼他18岁了,他的收入仍然很微薄,但他坚持在感恩节那天买很多食物去送给那些需要帮助的人。

又一个感恩节到来了,扮成送货员的已经长大的男孩出现在了一户人家的门口。开门的是一位西班牙籍的妇女,她有6个孩子,然而丈夫却抛弃了他们。眼下,她和孩子们正在遭受着断炊之苦。

男孩说:"我是来送货的,女士。"之后,他拿出了丰盛的节日大餐和礼物。女人惊呆了,站在那里一动不动,而她身后的孩子们则顿时爆发出了欢呼声。女人感动得热泪盈眶,用蹩脚的英语感动地说:"哦,你一定是上帝派来的!"年轻人腼腆地说:"不,我只是个送货的,是一位朋友要我送来这些东西。他让我告诉你们,希望你们一家人都过个快乐的感恩节。也希望你们知道,有人在默默地爱着你们。今后你们若是有能力,就请同样将这样的礼物转送给其他需要的人。"

回想自己年少时的种种经历,没想到它们竟成为自己走向坦途的指路明灯,指引他用一生的时间去帮助别人。童年时的那个送货人,深刻地改变了他的世界观和人生观。他觉得,传播爱的人,才是世界上最幸福的人。

几年后,这个年轻人终于成为美国总统的特别顾问。他就是全球著名的心理励志专家、成功学权威——安东尼·罗宾。

人生就如同一个容器,当这个容器被注满水时,它就会流淌。也许你会说,可惜我的容器从来没有注入一点儿水。没错,罗宾有幸在童年时亲身感受到了这种神奇的力量,他由此具备了完整的人格。我们可能没有那么幸运,遇到过那个"敲门的男子"。但是,难道我们生命中就真的没有可以感恩的人吗?比如给你生命的那两个重要的人,难道不值得你去感恩吗?那个与你牵手走完人生的人不值得你去感恩吗?那些在你有困难时帮助你的朋友,难道也不值得你去感恩吗?世上有太多太多的人,他们对你的付出,远比"敲门的男子"多得多!

感恩,有时候就像一场永远也不会间断的接力赛。接棒的人是幸福的,而递棒的人更是乐在其中。一种行为,多人受益。如果每个人都愿意成为递棒的下一个人，那么这个世界将是一个充满爱的世界。

幸福寄语

"忘恩负义"是最被人痛恨的，也是最让人瞧不起的，既不可能得到别人的帮助，也不会取得成功。这是一个需要爱的世界，我们接受了别人的付出，也要学着去帮助别人，传递感恩的火炬。

...第15章
释放内心深处的正能量

上帝关上一扇门，却会打开一扇窗

有句老话是这样说的："如果上帝关上一扇门，一定也会为你开一扇窗。"只要努力付出终有回报。我们最终所得的回报，或许不是我们原先所想要的，但与想要的并无二致。错过了漂亮还拥有健康，错过了智慧还拥有善良，错过了财富还拥有自由。说不定有一天我们忽然发现：错过了，反而是一种幸运。也许，暴风雨过后将会有一缕更加灿烂的阳光在等着你。

古时候有一位国王，梦见山倒了，水枯了，花也谢了。他不知是吉兆还是凶兆，便叫来王后给他解梦。王后一听，大惊失色，说道："山倒了暗示江山要倒；水枯了暗示民众离心，因为君是舟，民是水，水枯了，舟就不能航行了，也就是说，百姓不再拥戴国王了；花谢了暗指好景不长了。"国王听后，惊出一身冷汗，从此病倒了，而且病情日渐严重。

一位大臣来看望国王，国王在病榻上说出了自己的心事，大臣听后，竟然大笑道："这梦是大吉大利啊！山倒了指从此天下太平；水枯了，真龙就要现身了，国王，您是真龙天子啊！花谢了——花谢见果呀！"国王听后，舒心地笑了，身体很快就康复了。

有半杯水，拥有积极心态的人就会说："啊，还有半杯水啊！"而悲观之人则会叹息："唉，怎么只有半杯呢？"同样面对半杯水，却有两种不同的声音。这不仅是悲观者和乐观者的差异，也是一种心态的差异。美国成功学大师拿破仑·希尔说过："人与人之间只有很小的差异，但是这种很小的差异却造成了巨大的差距！很小的差异就是所具备的心态是积极的还是消极的，巨大的差距就是成功和失败。"

乔治先生是一位成功的商人，他从一个普通的事务所的小职员做起，经过多年奋斗，终于拥有了属于自己的公司，并且受到了人们的尊敬。

有一天，乔治先生从他的办公楼走出来，刚走到街上，就听见身后传来"嗒嗒嗒"的声音，那是盲人用竹竿敲打地面发出的声响。

乔治先生愣了一下，缓缓地转过身。

那盲人感觉到前面有人，上前说道："尊敬的先生，您一定发现我是个可怜的盲人，能不能占用您一点点时间呢？"

乔治先生说："我要去会见一个重要的客户，你要什么就快快说吧。"

盲人在一个包里摸索了半天，掏出一个打火机，递给乔治先生，说："先生，这个打火机只卖1美元，这可是最好的打火机啊！"

乔治先生听了，叹了口气，掏出一张钞票递给盲人："我不抽烟，但我愿意帮助你。这个打火机，也许我可以送给开电梯的小伙子。"

盲人用手摸了一下那张钞票，竟然是100美元！他用颤抖的手反复抚摸着，嘴里连连感激着："您是我遇见过的最慷慨的人！仁慈的富人啊，我为您祈祷！上帝保佑您！"

乔治先生笑了笑，正准备走，盲人拉住他，又喋喋不休地说："您不知道，我并不是一生下来就瞎的，是因为23年前布尔顿的那次事故……太可怕了！"

乔治先生一震，问："你是在那次化工厂爆炸中失明的吗？"

盲人仿佛遇见了知音，兴奋得连连点头："是啊是啊，您也知道？这也难怪，那次光炸死的人就有93个，伤的人有好几百！"

盲人想用自己的遭遇打动对方，争取多得到一些钱，他可怜巴巴地说了下来："我真可怜啊！到处流浪，孤苦伶仃，吃了上顿没下顿，死了都没人知道！"他越说越激动，"您不知道当时的情况，火一下子冒了出来！仿佛是从地狱中冒出来的！逃命的人都挤到一起，我好不容易冲到门口，可一个大个子在我身后大喊：'让我先出去！我还年轻，我不想死！'他把我推倒了，踩着我的身体跑了出去！我失去了知觉。等我醒来，就成了瞎子，命运真不公平呀！"

乔治先生冷冷地道："事实恐怕不是这样吧？"

盲人一惊，呆呆地对着乔治先生。

乔治先生一字一顿地说:"我当时也在布尔顿化工厂当工人。是你从我的身上踏过去的!你长得比我高大,你说的那句话,我永远都忘不了!"

盲人站了好长时间,突然一把抓住乔治先生,爆发出一阵大笑:"这就是命运啊!不公平的命运!你在里面,现在出人头地了,我跑了出来,却成了一个没有用的瞎子!"

乔治先生用力推开盲人的手,举起了手中一根精致的棕榈手杖,平静地说:"你知道吗,我也是一个瞎子?"

乔治先生和故事中的盲人,在同样的挫折中有不一样的命运。诚然,乔治的成功和不懈地努力密不可分,然而一个更重要的原因却在于他面对挫折时所持有的心态。是什么原因让他在遭受打击后能再次站起来呢?假如乔治没有一种乐观的心态,那么当双目失明的时候,任何梦想都会随之破灭。"我看不见光明,看不见色彩,更看不见成功。"按照这种思维逻辑,他很可能就此安守本分,做一个普通的盲人,在自怜和贫寒中度过一生。然而乔治先生的想法却是:"虽然我看不见,但我还能听,还能触摸,除了视觉我什么都没失去。上帝让我失去光明,是为了告诉我,我曾经做的努力还不够,而且被太多表面的现象所迷惑,我现在要做的是,用心去感受这个世界,这样我会变得更强大,这既是成功路上的一次考验,也是一次契机。"

一个乐观的人在遇到挫折时,总会把它变成一种转折。

而乐观并不等于不切实际的幻想,也不意味着否认问题的存在,或逃避直面痛苦的责任。它是一种思维方式,也是一种面对挑战的态度。乐观可以使我们看到:未来是有希望的,也是可以去争取的。

心理学家马丁·塞利格曼认为,对自己和世界的乐观看法,就像一副坚固的盔甲,他能保护我们不被抑郁、自卑、失望和挫折所压倒。乐观者的心胸是开阔的,白天能照进阳光,夜晚能仰望星空;而悲观者则相反,哪怕只是一块窗帘挡住了光明,他们也会认为世界一片漆黑。正如海伦·凯勒所说:"悲观的人无法发现星星的秘密,无法寻找到一个从未在地图上出现的大陆,更无法向人类打开一扇新的通往天堂的大门。"发明电话机的贝尔曾说:"当一扇门关上的时候,另一扇门就会打开。可是我们常常如此长久地、怀着懊恼和悔恨盯着那扇关上的门,以至于看不见那扇正在向我们敞开的门。"

当上帝关上门的时候,一定会同时在某个地方打开一扇窗。上帝关上这扇门,是警示你选择的道路和方法错了;为你打开一扇窗,是为你展现新的愿景和出路。

幸福寄语

在这个世界上,有所得一定会有所失。在某个地方失去的东西,也许会在另外一个地方得到。当上帝关上门的时候,一定会在某个地方为你打开一扇窗。上帝关上这扇门,是警示你选择的道路和方法错了;为你打开一扇窗,是为你展现新的愿景和出路。

没有退路的时候,你才知道自己有多强大

只有一条路可走的人往往是最容易成功的人,因为别无选择,所以他们会倾尽全力朝目标冲刺。有时只有斩断自己的退路,才能把不可能变成可能。只有将自己逼上梁山,才能找到出路。对自己太仁慈,便是对自己的残忍。

欢腾的小溪没有退路,它从高处流向低处,直到汇入大海;雄健的苍鹰没有退路,它从断崖飞向低谷,直到驰骋天穹;稚嫩的幼芽没有退路,它从地下钻出地面,直到沐浴春雨。

胡林是一位留学美国的中国学生。毕业后,胡林想靠着自己的能力养活自己。为了解决生存问题,他什么苦活累活都干过。在餐馆洗盘子,在

路上发传单，帮别人打字。微薄的收入只能让他勉强糊口。

一天，在唐人街一家餐馆打工的他，看见报纸上刊出了一个公司要招聘线路监控员。一看和自己的专业对口，薪资待遇非常吸引人，于是胡林做足了准备去应聘。过五关斩六将，他进入了最终面试。当招聘主管出人意料地问他："你有车吗？你会开车吗？我们这份工作经常外出，因为公司的车辆有限，所以我们会优先考虑会开车的人。"

胡林当场就蒙了，自己只是一个穷学生，怎么会有车呢？开车更是不会啊！但为了争取到这个工作，他不假思索地回答："有！会！""很好，那四天后你开车来上班。"主管说。

胡林没有退路，要么他就放弃这份工作，要么就只能硬着头皮上阵。最终他豁出去了，向朋友借了一些钱，买了一辆二手车，开始了自己紧迫的学车历程。第一天他跟朋友学简单的驾驶技术；第二天在朋友屋后的大草坪模拟练习；第三天歪歪斜斜地开着车上了公路；第四天他居然驾车去公司报到。

如果你想寻找一条出路，没有坚定的信念和视死如归的精神是不行的。有时我们必须放开手脚，大胆去做，才能克服所谓的困难。胡林凭着自己的胆识，敢于斩断自己的退路，让自己置身于命运的悬崖边上。正是面临这种后无退路的境地，他才有了奋勇向前的精神，争取到了那个难得的机会。

在生活中，亦有很多不给自己留后路的人。网坛明星俄罗斯运动员莎拉波娃4岁时，她的父亲就变卖了他们在俄罗斯的全部资产，带着莎拉波娃到美国练习网球。正因为没有退路，莎拉波娃从小就刻苦练习，最终成长为一名成功的网球手。

人生没有退路，我们才会更加努力地为自己寻找出路。生活中，退路就是在为失败找借口，在经历失败后，它就成了堂而皇之的退缩理由。当你为自己留出后路时，你就在失败上投下一枚筹码，你的信心就会大大地削减。关键时刻，有破釜沉舟勇气的人，才能给自己创造一个向生命高地冲锋的机会。

第15章 释放内心深处的正能量

东汉的大学问家班彪有两个儿子，一个叫班固，一个叫班超。兄弟俩都很优秀，但志向却不一样。班固喜欢研究百家学说，班超却爱在战场上挥洒英勇。

班超在大将军窦固手下担任代理司马，当时匈奴不断地侵扰汉朝边疆，窦固赏识班超的才干，派班超为使者到西域去联络西域各国以共同对付匈奴。

于是，班超带着几十个随从人员到了西域的鄯善。鄯善是归附匈奴的，但匈奴逼他们纳税进贡，使得鄯善王感到非常不满意。看到这次汉朝派使者来，他们招待得甚为殷勤。

但没过几天，班超就察觉鄯善王对待他们忽然没前几天那么热心了。他猜想一定是匈奴的使者也到了鄯善。为了证实自己的想法，当鄯善王的仆人送食物进来时，班超装出一副料事如神的样子说："匈奴的使者来了几天了？住在什么地方？"那个仆人一听吓了一大跳，以为班超已知道这件事，只好非常老实地回答道："来了三天了，他们住在离这儿三十里地的地方。"

果然不出所料！班超把那个仆人扣留起来，立刻召集随从人员，把匈奴使者来到鄯善的事告诉了他们，并对他们说："匈奴使者的到来，可能动摇鄯善王，如果他一旦倾向于匈奴，说不定会把我们统统都给杀了。大家看现在该怎么办？"大家听后知道情况危急，都表示愿意追随班超，一切听从他的安排。

班超见状，说："好！今天我们就立即行动，趁着黑夜，攻进匈奴的帐篷周围，他们不知道咱们有多少人马，一时反应不过来肯定自乱阵脚。只要我们杀了匈奴的使者，事情就好办了。"大家说："那我们今夜就拼死一搏吧！"

于是当天半夜，班超就率领着他的随从偷袭匈奴的帐篷。一些人擂鼓、呐喊，其余的人大喊大叫地杀进帐篷。匈奴人从梦里惊醒，到处乱窜。班超第一个冲进帐篷，其余的壮士跟着班超杀进去，最后轻松杀掉了匈奴使者和其随从。

第二天,鄯善王发现匈奴的使者已被班超杀了,就表示愿意服从汉朝的命令。班超回到汉朝后,汉明帝因为其立下了巨大功劳,马上提拔了他。

有些事情是必须马上作出决定的,稍有犹豫,很可能连自己的性命都难以保全。一旦作出了决定,就不要畏畏缩缩,一定要抱着全力以赴的决心,才能最大可能地成功。你斩断自己的退路,就没有回头路可走。破釜沉舟,硬着头皮也得冲上去,最终获得胜利。

斩断自己的退路才能更好地赢得出路。倘若在危急时刻,优柔寡断只会让我们损失得更多;用尽所有力量作最后一次冒险,才有可能扭转局面。人生没有回头路,有些人、有些事一旦错过了就再也无法找回来。想要拥有一些东西,不仅要付出相当的努力,还要以莫大的勇气去果断地选择。

幸福寄语

只有一条路可走的人往往是最容易成功的人,因为别无选择,所以他们会倾尽全力朝目标冲刺。有时只有斩断自己的退路,才能把不可能变成可能。只有斩断自己的退路才能够更好地赢得出路。倘若我们要前行,就不要顾着退路,在危急时刻,我们都应该用尽全力作最后的冒险,才有可能扭转局面。

培养自制力,遇事不冲动

一个没有自制力的人,就像被关在铁栅栏中的囚犯,总是横冲直撞。理性的克制对一个有进取心的人来说,不是束缚的锁链,而是强韧的护身甲,虽然披挂上它不免有些累赘,但是它能让你免遭意外的伤害。

每个有理想的人都应该明白:如果没有自制力,就永远不可能成功。

优秀的人勇于接受精神上和肉体上的磨炼，他们愿意接受超出自己能力范围的任务并全力以赴地去完成它；他们经常让大脑保持活跃，考虑一些有挑战性的问题，不断地思索需要认真对待的事情，以期训练自己的自制力。自制力决定了人们在关键时候的所作所为。

19世纪法国大作曲家柏辽兹年轻时曾深深地爱着一个名叫卡米优的姑娘。两人情投意合，准备结婚。然而由于柏辽兹要去意大利留学，所以不得不推迟婚期。他们订婚以后，柏辽兹去了意大利。不久，柏辽兹收到了卡米优的母亲的一封信，信上说由于家族的反对，她女儿只好解除婚约，并且告诉柏辽兹说自己的女儿已经结婚了。

这个消息使这个充满憧憬的年轻人刹那间失控，他陷入了深深的痛苦之中，愤怒强烈地冲击着他年轻的心。他的情绪由忌妒上升为仇恨，很快，一个疯狂的复仇计划在他心中酝酿出来了。他去商店买来女人的衣服、帽子和面纱，决定男扮女装，带着枪偷偷地回到巴黎，杀死卡米优和她的母亲，以及她的丈夫，然后自杀。

当天晚上他坐上一辆奔赴巴黎的马车。一路上，夜色朦胧、月光柔美、大自然一片幽静。马蹄声、车轮声，这一切恰似一剂疗伤的止痛药，柏辽兹那充满忌妒与仇恨的心在不知不觉中平静了下来，而且他的头脑中音乐的灵感滚滚而来。这时马车已经到了尼亚，他才想起自己原来是为复仇而来，心里不由得觉得自己简直是幼稚可笑极了。

他跳下马车，决定中断旅程。他心中有个迫切的愿望，就是要把刚才的美好感觉写下来。于是他很快从痛苦之中走出来，陶醉在音乐的世界里。他在尼亚停留了一个月，去橘林漫步，收集当地的民间风情，有时到海滨去沐浴。他的创作情绪一直很活跃。一个月过去了，他的情绪好多了，并且完成了著名的序曲《李尔王》的创作。

柏辽兹因一时冲动差点造成了难以挽回的悲剧，但是所幸的是他很快控制住了自己的情绪，最后，他还创作出举世闻名的曲子。

爱默生先生曾经说过这样一段话："凡是有良好教养的人都有一禁诫：勿发脾气。"当别人有意或无意地激怒了我们时，请千万别冲动，别让情绪冲昏了头脑。你完全可以用温和的回答来代替愤怒，不要把不满写在脸上，我们要懂得克制自己的情绪。

美国石油大王洛克菲勒，善于运用情绪的攻防术来达到自己的目的。他曾经在法庭上漂亮地击退了一位有名望的律师。"洛克菲勒先生，你收到我寄给你的信了吗？"律师拿出一封信，以严肃的口气问道。"收到了！"洛克菲勒回答道。"你回信了吗？"洛克菲勒面带微笑，不紧不慢地回答道："没有。"其后，律师一封又一封地拿出了二十几封信，一一询问洛克菲勒，而洛克菲勒都以相同的表情，嘴角泛着笑意，用同样幽默的语气一一给予相同的回答。法官偏过头来说："你确定收到了吗？""是的！先生，我十分地确定。"洛克菲勒很镇静地回答法官。就在那一刻，只见律师面红耳赤地怒吼："你为什么不回信？你不认识我吗？""我当然认识你呀！"洛克菲勒依然是面带微笑，有些讽刺地回答他。

这时候律师已控制不住自己的情绪，暴跳如雷不断咒骂，而此时洛克菲勒却不动声色，好像对方所讲的事，跟自己一点关系都没有。

最后，法官宣布洛克菲勒胜诉！因为该律师因情绪失控让自己乱了章法。

通过这个故事我们可以悟出一个道理：情绪的变化可以影响事情的结果，善于控制情绪的人获得胜利的概率远远大于无法控制自己情绪的人。

一个聪明的人能够控制自己的情绪，一个愚蠢的人常常会被自己的情绪所控制。所谓成功的人，就是心理障碍突破最多的人，因为每个人或多或少都会有各式各样、大大小小的心理障碍。

世界上从来没有过完美的个人，关键是把人的注意力放在哪个地方，是去注意优点，还是注意缺点。把注意力放在问题的不同方面，就会得出不同的结果，从而对人产生不同的情绪。看问题的积极方面，可以产生乐观的情绪；看问题的消极方面，就会产生悲观的情绪。但是，很多人不由自主地会选择悲观。其实我们每个人都应该学会调控自己的情绪，只有这样我们才能够一步步地走向理想的彼岸。

第15章 释放内心深处的正能量

幸福寄语

一个人如果没有自制力,就永远不可能成功。理性的克制对一个有进取心的人来说,不是束缚的锁链,而是强韧的护身甲。一个有进取心的人勇于接受精神上和肉体上的磨炼,他们愿意接受超出能力范围的任务,并全力以赴去完成它;他们经常让大脑保持活跃,考虑一些有挑战性的问题,不断地思索需要认真对待的事情,以期训练自己的自制力。

释放情绪,让心底亮堂起来

人生的道路是坎坷曲折的,但是曲折的道路两旁盛开着五彩芳香的花,我们头顶上洒满了温馨的阳光。生活如此美好,我们为何要愤怒暴躁呢?无法改变天气,却可以改变心情;无法控制别人,但可以掌握自己。

情绪不好的时候,一定不要憋在心里。这时如果大闹一场,是可以理解的。但是,这样做经常会带来一些不良后果,例如懊恼与后悔。不发泄,埋在心里,就像一颗定时炸弹,随时都会爆发,结果可能更不好。问题不是该不该发泄,而是该怎样发泄。每个人都要做自己情绪的主人,把握好自己的心海罗盘,让自己驶向健康、美好的生活彼岸。

从前,有一个脾气很坏的男孩。爸爸给了他一袋钉子,告诉他每发一次脾气或跟人吵架,就在院子的篱笆上钉一根。第一天,男孩钉了37根钉子。后来他学会控制自己的脾气,每天钉的钉子也逐渐减少。他发现,控制自己的脾气,实际比钉钉子要容易很多。有一天,他一根钉子都没有钉,就高兴地告诉了爸爸。爸爸说:"今后,如果你一天都没有发脾气,就可以在这天拔掉一根钉子。"日子一天一天过去，最后，钉子全被拔光了……于是，父亲牵着他的手来到后院，告诉他说："孩子，你做得很好。但看看篱笆上的坑坑洞洞，这些围篱将永远不能回复从前的样子了。你向别人发过脾气之后，你的言语就像那些钉孔一样，会在人们的心中留下疤痕。你这样做就好比用刀子刺向了某人的身体，然后再拔出来。无论你说多少次对不起，那伤口都会永远存在。其实，口头上对人们造成的伤害与伤害人们的肉体没什么两样！"从此，男孩终于懂得掌握情绪的重要性了。

一个聪明的人都应该懂得掌控自己的情绪，倘若任由自己的情绪泛滥，那么很容易害人害己。这个爱发脾气的男孩经过再三训练终于可以克制自己的情绪，这对于一个人的身心健康是非常有益的。

一天，国防部长斯坦顿走进了林肯的办公室，怒气冲冲地对林肯诉说道，一位少将用侮辱的话指责他偏袒一些人。林肯听了，建议他写封信针锋相对地反驳，并说："你也可以狠狠地刺痛他一下嘛。"斯坦顿立即写了一封措辞很强硬的信拿给总统看。林肯看罢，大声喊道："对了，对了。写得好！严厉地批评他一顿，这是个最好的办法，斯坦顿。"

但是当斯坦顿把信叠好，准备放进信封时，林肯立即阻止了他，问道："你打算怎样处置它？""寄出去呀。"斯坦顿非常自然地说道。"不要胡闹，"林肯大声说，"你不应把信寄出，快把它扔进火炉中去吧。每次当我发火时，我就尽情地写封信发泄发泄，写完后就把它扔了。我每次都是这样做的，效果非常显著。当你花了许多时间把它写好后，怒气便已消了一大半了，变得心平气和了。"国防部长恍然大悟，十分感激总统的指点，他从林肯这里学会了通过宣泄控制情绪的好办法。

情绪的宣泄能够补偿自己失掉的面子，适当地宣泄如同心理排毒。当我们有愤怒、不满、抱怨等不良情绪时，及时地宣泄有利于身心健康，会让我们感觉到平心静气，面子也不再那么难堪，恼怒的事也不再那么讨厌。

美国芝加哥郊外有一个制造电话交换机的工厂，叫霍桑工厂。这个工厂拥有较为完善的娱乐设施、医疗制度和养老金制度。但令人匪夷所思的是，这个工厂的员工经常对自己的待遇喋喋不休地抱怨，以至于影响了工作效率。为了探寻原因，美国国家研究委员会于1924年11月组织了一个调查小组，对霍桑工厂进行了一系列的研究试验。在这些研究试验中，有一个被称作"谈话试验"的重要环节，即专家们在历时两年多的时间内，分别找工人们进行推心置腹的谈话，耐心倾听他们对待遇、环境等方面的意见和不满，并将他们的言论记录在案。

但是令人惊讶的是，经过"谈话试验"后，霍桑工厂的工人们不仅不再抱怨，并且干活时更加卖力，工厂的产量自然大幅度提高了。原来，工人们在长期的工作中，对工厂的各种规章制度、福利待遇、工作环境等心生不满。这些不满情绪得不到及时宣泄，经过长年累月地积累，最后演变为抱怨、抵触等负面情绪。他们将这种情绪带到工作中，自然影响了工作的效率。"谈话试验"使他们将这些不满都尽情地宣泄出来，从而感到心情舒畅，干劲倍增。

人在一生中会产生数不清的情绪，千万不能硬生生地把这些情绪压制下去，而是要以合理的方式把它们宣泄出来，这样既有利于我们的身心健康，又有助于提高工作效率。

一天深夜，一位医生突然接到一个陌生妇女打来的电话，对方的第一句话就是"我恨透他了！""他是谁？"医生问。"他是我的丈夫！"医生感到很突然，于是礼貌地告诉她："你打错电话了。"但是，这位妇女好像没听见似的，继续说个不停："我一天到晚照顾四个小孩，他还以为我在家里享福。有时候我想出去散散心，他却不肯，而他自己天天晚上出去，说是有应酬，谁会相信……"

尽管这位医生一再打断她的话，告诉她，他并不认识她，但是她还是坚持把自己的话说完。最后，她对这位素不相识的医生说："您当然不认识我，可是这些话已被我压了很久，现在我终于说出来了，我舒服多了，谢谢您，对不起，打扰您了。"

诚然，能够收放自如地控制自己的情绪，是判断一个人是否有涵养的标志。但是，一味地压抑自己的情绪，不良情绪长期得不到宣泄，会使人们在心理上形成强大的潜在压力，导致精神忧郁、孤独、苦闷等心理疾病。

一旦这种心理压力超越了人们的承受能力，甚至会导致精神失常。当然，我们所说的情绪宣泄有一个最基本的前提，那便是不要为了自己的一时之快而伤害其他人的利益。情绪宣泄是一种较为私密的行为，尤其在公共场合不宜有过激的行为。

在日常生活中，我们如果需要宣泄情绪时，尽量不要将他人当作"出气筒"，不要将自己的不良情绪转嫁给他人，无端地斥责、谩骂对方。我们可以采取诉苦的方式，这样更容易博得别人的同情，我们的坏情绪也能得到及时宣泄。此外，我们还可以采用转移注意力的方法，当我们极端愤怒的时候，不妨采取写日记、听音乐、散步等对他人无害的方式。

一个人宣泄情绪是为了获取愉快的心情。选择一个私密的空间宣泄掉所有的坏情绪，然后精神焕发地走出来。好的情绪能够帮助我们保持心情的愉悦，从而以最佳的状态投入工作和学习中。在人际交往中，我们还能将这份好心情传递给他人，获得好人缘。

幸福寄语

在生活中，我们无法改变天气，但却可以改变心情；我们无法控制别人，但却可以掌控自己。当我们心情郁闷的时候，尽量不要将他人当作"出气筒"，不要将自己的不良情绪转嫁给他人，无端斥责、谩骂对方。我们可以采取诉苦的方法，这样能够博得别人的同情，我们的坏情绪也能够得到及时的宣泄。此外，我们还可以采用转移注意力的方法，当我们极端愤怒的时候，可以采取写日记、听音乐、散步等对他人无害的方式。

...第16章

拥有一颗温暖的心，能量自然无穷

想开了，才能活得潇洒坦然

不要跟自己过不去，每天给自己一个希望、一个目标、一个信心。希望是引爆生命潜能的导火索，是激发生命激情的催化剂。每天给自己一个希望，我们将会活得生机勃勃，激昂澎湃。

人生中似乎有太多的困扰，太少的快乐。有人觉得人生应该一帆风顺，那些降临在自己身上的挫折和困难都应该立马消失，否则就要怨天尤人；有人认为众人都应该非常友好、平等地对待自己，自己所追求的心仪对象也应该接受自己，否则就会感到沮丧或焦虑；有人要求自己尽善尽美地完成工作，一旦稍有失误就会自我否定或自我谴责。所有的理想，所有的梦想，为的只有一个目的，那就是为了完美而存在。其实，静下心来想一想，生活中的很多事情之所以不如意，不是我们自己的能力不强，而是自己的愿望不切实际。为什么非要为别人而活呢？为什么非要去做一个完美的人？

做任何事情都不要以别人的标准来限定自己，跟自己过不去，要知道，每个人都有这样那样的缺陷，在这个世界上没有完美的人。

这样想，不是为自己开脱，而是使心灵不会被挤压得支离破碎，让自己永远保持对生活的美好愿望和执着追求。

西施因病捧心，那是一种不矫揉造作的美感。东施不顾实际，以西施的动作做标准，一味模仿西施，这就是一种失常，是和自己过不去，所以才会被世人嘲笑。

宽容自己，善待自己，是一种精神力量，它会促使我们非常从容地走自己选择的路，做自己喜欢做的事情。如果我们不愉快，就要学会原谅自己，这样心里就会少点阴影。

人生像是一条河流，有其源头，有其流程，也有其终点。不管生命的河流有多长，最终都要到达终点。所以，要在活着的时候，少一点苦恼，多一点愉快。每天想着快乐的事情，凡事拿得起，放得下，不要自找烦恼，要永远保持一颗平常心。

很久以前，有一位画家想画一幅人人都喜欢的画。经过几个月的辛苦工作，他把画好的作品拿到画展上去，在画旁放了一支笔，并附上一则说明：亲爱的朋友，假如你认为这幅画哪里有欠佳之处，请赐教，并在画中标上记号。

晚上，画家取回画时，发现整个画面都涂满了记号，没有一笔一画不被指责。画家心中十分不快，对这次尝试深感失望。完美真的就这样难吗？

但是，画家决定换一种方式再去试试。他又摹了一张同样的画拿到另一家画展上展出。但这一次，他要求每位观赏者将其最为欣赏的地方都标上记号。结果，那些曾被指责的地方，如今却都换上了赞美的标记。

最后，画家终于明白了，无论自己做什么，只要使一部分人满意就足够了。真正的完美是不存在的，总会有人不满意。因为，在有些人看来是丑的东西，在另一些人的眼里恰恰是美好的。

生活中到处是苦恼，有时人生的苦恼，不在于自己获得多少，拥有多少，而在于比别人少了多少，多了多少。人有时想得到得太多，而自己的能力却很难达到，所以我们便感到失望与不满。然后，我们就自己折磨自己，说自己"太笨"、"不争气"，等等。就这样经常自己和自己过不去，自己和自己较劲儿。

在跟自己过不去的煎熬中，内疚是一种严重的创伤。内疚使你沉湎于过去的事，让回忆占据了你宝贵的现实，让疑虑充塞了你日常的生活，不仅是最大的精神浪费，也是一种残酷的心理折磨。

其实，在这个纷繁复杂的社会上，有很多事情都是我们难以预料的。我们不能控制际遇，却可以掌握自己；我们无法预知未来，却可以把握现在；我们无法延长生命的长度，但可以拓展生命的宽度；我们左右不了变化无常的天气，却可以调整自己的心情。只要活着，就有希望。千万不要和自己过不去,只要每天给自己一个希望,我们的人生就一定不会失色。

　　静下心来,仔细地想想,人这辈子确实不容易,走过多少路,经过多少事,面对多少选择,不可能总是春风得意、一帆风顺,肯定会有许许多多不如意,说不定哪一天倒霉的事、不顺心的事就会发生在你身上。这时的你就一定要想开点,平淡地面对生活,千万别跟自己过不去。

　　在这个竞争激烈的社会,每个人都不甘落后,总想干出点成绩来,但不经意中生活就会跟你开个不大不小的玩笑,使你撞上无情的"红灯",或事业失败,或失业下岗。这时的你或许会埋怨生活的不公,一味地怨天尤人。可事实终归是事实,任何人都无法回避。这时你就得学会适应社会,主动去承受它,不要跟自己过不去。

　　不再跟自己过不去,人生就会进入一种新的境界,生活也会随之呈现出另一番景象,你将发现美也会躲藏在平凡的生活中。不要跟自己过不去,才能使自己重新获得生活旅途上的快乐与坦然,找回属于自己的快乐生活!

幸福寄语

　　在现实生活中,很多事情之所以不如意,不是我们自己的能力不强,而是自己的愿望不切实际。其实,我们完全没有必要跟自己过不去,我们应该每天都给自己一个希望、一个目标、一个信心,那么我们将会活得快乐自在。

饶人多条路,凡事留余地

　　俗话说,饶人多条路,伤人多堵墙;多个朋友多条路,多个冤家多道坎儿。所以，说话做事都要留有余地。

能给别人留有退路和余地，别人就会对你感激不尽，铭记在心，将来一有机会，就一定会加倍地回报你。如果为了一时痛快，他日狭路相逢，你势力单薄，又应该如何去应对呢？所以，不管你处于什么样的地位，有多大的权力和金钱，都一定要学会善待他人，凡事都应该给别人留点余地。未来的事情谁也说不清楚，有很多变数。他现在是个毛头小伙子，指不定哪一天就是你生命中的大客户。所以，不妨从现在就开始做起——饶人多条路，凡事一定要给别人留点余地。

宋朝时，有一位精通《易经》的大哲学家邵康节，与当时的著名理学家程颢、程颐是表兄弟，同时和苏东坡也有往来。但二程和苏东坡一向不睦。

邵康节病得很重的时候，二程弟兄在病榻前照顾。这时外面有人来探病，程氏兄弟问明来的人是苏东坡后，就立即吩咐下去，不要让苏东坡进来。

躺在床上的邵康节，此时已经不能再说话了。他就举起一双手来，比成一个缺口的样子。程氏兄弟有点纳闷，不明白他做出这个手势来是什么意思。

不久，邵康节喘过一口气来，说："把眼前的路留宽一点，好让后来的人走。"说完，他就咽气了。

邵康节的话是很有道理的，因为事物是复杂多变的，任何人都不能凭着自己的主观臆断，来判定事情的最终结果。我们的人生也常常如此，总是浮沉不定，难以自料。

即使与人交恶，也不要口出恶言，更不要说出"情断义绝"、"誓不两立"之类的过激的话。不管谁对谁错，最好都是闭口不言，给别人留余地，也是给自己留余地。少对人说绝话，多给人留余地，这样做其实并不是仅仅为对方考虑，更是为自己考虑。

俗话说，十年河东，十年河西。在社会发展日新月异的当今时代，人情世事的变化速度飞快，社会生存的空间也变得越来越小，用不了"十年"

就可能发生此消彼长的变化，人们相互间更是"低头不见抬头见"。如果把话说得太满，把事情做得太绝，将来一旦发生了不利于自己的变化，就难有回旋的余地了。

所以，做任何事情都要留有余地，千万不要把路堵死了。

小韦是一家装潢公司的广告部主任。有一次，他们给一家单位制作一个大灯箱。安装这天，客户单位的后勤处长刘先生坚持要小韦的属下按照他建议的方案安装灯箱，结果灯箱安装到一半的时候，因为操作方法不当，掉在地上摔碎了。损失了一千多块不说，还差点砸到人。

小韦得知此事后非常生气，理直气壮地找刘先生理论："我说你也太多事了，安装灯箱是我们的事，你怎么可以指手画脚呢？"刘先生见小韦气势汹汹，虽然不情愿还是道歉道："不好意思，是我多了几句嘴，没想到后果会这样严重。"小韦还是没消气："你不好意思就解决问题了吗，这损失算谁的？"

刘先生见小韦得理不饶人也不高兴了，他说："虽然我是说了几句，但你的工人也太没主见了吧？我不过是提了个建议，他们是专业人员，怎么就随便听信别人的呢？"小韦一听更火了："这么说你是想赖账啊？"刘先生更不高兴了："你说话怎么这么难听，关键是分清责任，我们不能出冤枉钱。"

两个人你一言我一语地吵起来，最后，小韦丢下一句"我们法庭上见"就走了。第二天，小韦的上司把他训斥了一顿："你做事怎么不动脑子呢？咱们和他们公司不仅仅是一个灯箱的交易，你和他们闹僵了，今后还怎么合作？"训斥到最后，上司对小韦说："你消消气，主动给对方赔个不是，争取把损失降到最低！"

小韦只好硬着头皮去找刘先生。让小韦意外的是，刘先生很诚恳地向他认了错，两个人冰释前嫌，商定损失各负担一半。两个人不打不相识，成了好朋友，业务上的往来明显增加了。

在职场上，我们会接触到客户、上司和同事。因为每个人的性格、立场和处世方式不一样，难免会有摩擦。当发生摩擦的时候，即使我们一方

第16章 拥有一颗温暖的心，能量自然无穷

果真在理，也不能把别人逼进死角，不给别人退路，如果那样就是和自己过不去。

客户是上帝，我们让他们不高兴，我们与他们的合作就很难进行下去，我们抓住死理不放，让他们难堪时，很可能我们已经损失了这个客户。

至于上司，我们也不能得理不饶人。上司不仅需要的是尊严、尊重，还有权威。我们占了理，他们心里明白，他们不愿意承认就是因为他们需要维护自己在员工面前的权威。如果我们破坏了他们的权威，他们还怎么重用我们？

我们与同事发生了矛盾，理在我们一方，要求对方道歉或补偿，就会把对方逼入死胡同。但是，兔子急了也会咬人，同事急了也会给我们颜色看。如此一来，冲突顿起，两个人的矛盾更难解决。即便解决了，两个人在一起工作也会别别扭扭，小心眼儿的同事还会给我们小鞋穿。而且，当我们得理不饶人时，其他的同事也看在眼里，他们会忌惮我们这些爱"计较"的人，对我们敬而远之。所以，得理不饶人，从长远来看是自己的损失。

谁都有过失，谁都有做错事的时候，我们再有理也要谦让别人，不要过分地追求自己表面上的胜利，只有这样我们才能在职场上走得更远。

幸福寄语

谁都会有犯错误的时候，我们再有理也要谦让着别人，不要固执地追求自己表面上的胜利。所以，当你做事能够给别人留有退路和余地，别人就会对你感激不尽，铭记在心，将来一有机会，他就会加倍地回报你。

没有挫折，就没有快乐

　　人生之路原本就没有平坦可言。挫折和快乐是一对孪生姐妹，它们共同演绎着生活的乐曲。人的心理本身是由多个层面构成，而且感受也各不相同，但它受情绪的控制。当你心情好的时候，看世界是美丽的；当你心情低落时，眼前的景色便成了一片昏暗，进入孤独的世界。快乐是一种享受，痛苦是一种洗礼，当你都经历了，回头再看的时候，痛苦也变成了快乐；因为你拥有了一份丰厚的人生经历。所以，经历了便是拥有。

　　有一个女孩一直都很优秀，从小学到大学，学习成绩都名列前茅，还取得各种诸如"优秀三好学生"的称号，这些都让她非常骄傲。就这样，仿佛身边有幸运女神在守护着她成长，父母宠爱她，老师宠爱她，男朋友也宠着她，一切都是非常美好，连工作都定了一家知名企业。

　　然而，她却在即将毕业的时候遭遇了人生中第一场风波。那年6月，在一个好友的劝说下，她没能坚持住，鬼使神差地答应帮助这个好友替考英语。而且非常不幸，这件事让忌妒她的同学告诉了学校。最终，她被开除学籍，并给予留校察看一年的处分。

　　接到通知的那一刻，她只觉得自己的人生再无希望，有好几次，她甚至想了断自己的生命。男朋友怕她轻生，日夜相陪，安慰的话说了一大堆，但依然不能让她恢复常态。这天，男朋友拿出一张写满"痛苦"的纸，告诉她："我们打赌，你可以把这张纸撕得粉碎，但我能在十分钟之内把它拼好。"女孩终于不再无动于衷，接过来，撕了一地雪花。果然，男朋友一会儿就拼好了。女孩很诧异，不禁说出几天来的第一句话："你是怎么做到的？"

　　男朋友说："其实很简单，我在'痛苦'的背后写了一个大大的'快乐'，我只要看着'快乐'就很容易拼好。亲爱的，无论什么时候，你都要记得痛苦的背面是快乐。"女孩终于露出了笑容。

痛苦过后是快乐，这是很多人都懂得的道理。在我们的生活中，很多人往往会为一时的挫折而失望不已，就如故事中这个犯错的女孩。但是，当我们真正地品尝到了挫折带来的痛苦之后，我们才能够更好地领悟到快乐的意义，才能够更好地珍惜人生，才能够更加热爱自己所生存着的世界。

一场车祸使他失去了一只眼睛、一条腿和赖以生存的工作。但是，面对人生的不幸，他没有悲观绝望、怨天尤人，而是振奋起精神与命运进行顽强的斗争。

当时，他最迫切的是找一份工作来养活自己，令人不可思议的是，他选择了写作，但是他从来就没有写过任何文学类的东西。

在开始的几年里，他所有辛勤换来的是无数个拒绝。他没有灰心，没有气馁，而是以更高的热情与加倍的努力继续笔耕不辍。功夫不负有心人，在艰辛的付出后，他终于获得了成功——他不仅先后出版了二十多部作品，还数十次在文学大赛中获得大奖，成为举世闻名的作家。

正当他的文学事业如日中天时，他却做出又一惊人之举：徒步周游世界。那年他刚好60岁。

带着重新安装的假肢和对理想的追求，他踏上了艰苦跋涉的征程。短短几年时间里，他的足迹遍及整个美洲大陆和欧洲大陆。1916年，已年近古稀的他拖着一条假腿，竟然奇迹般地登上了终年冰雪覆盖的非洲最高峰。

他就是美国著名的作家、旅行家、探险家海曼斯。

上帝是公平的，命运在向海曼斯关闭了一扇门的同时，又为他打开另一扇窗。世界上任何事物都是一分为二的，我们看到的只是其中的一个侧面。这个侧面使人痛苦，但痛苦却往往可以转化为幸福。有一个成语叫作"蚌病成珠"，这是对生活最贴切的比喻。蚌因身体上嵌入沙子，异物感所带来的痛苦，使它不断地分泌物质来润滑沙子，最后把沙子变成了一颗晶莹的珍珠。任何不幸、失败与损失，都可能成为我们走向成功的有利条件，任何痛苦都可能是幸福人生的前奏。

幸福寄语

在这个世界上,从来就没有平坦的人生大道。挫折和快乐向来都是一对孪生姐妹,它们共同演绎着生活的乐曲。快乐是美好的享受,痛苦是生命的洗礼,当你都经历了快乐与痛苦的时候,你就会发现这样的人生才是真正完整的人生。

你平和,万物都给予你支持

在竞争日趋激烈的现代社会,每个人都面临着不同的挑战,承受着不同的压力,因此每个人都会有心情烦躁的时候,都会有难言的苦衷。在这种情绪笼罩下,谁都会有一种强烈地想向人发泄的愿望。

但是,在工作中一定要以积极的态度控制自己的情绪。一个情绪化的员工是难以与他人融洽合作的,而这将会直接影响公司的利益。精明的上司绝对不会让一个情绪化的员工去做管理工作。

有一位老板,一大早起床,发现上班时间快到了,便急急忙忙地开了车往公司急奔。一路上,为了赶时间,这位老板连闯了几个红灯,终于在一个路口被警察拦了下来,给他开了罚单。

毫无疑问,这位老板迟到了。到了办公室之后,这位老板犹如吃了火药一般,看着桌上放着几封昨天下班前便已交代秘书寄出去的信件,更是生气,马上把秘书叫了进来,劈头就是一阵痛骂。

秘书被骂得莫名其妙,拿着没寄出的信件走到总机小姐的跟前又是一阵狠批,责怪总机小姐昨天没有提醒她寄信。总机小姐被骂得心情恶劣至极,便找来公司内职位最低的清洁工借题发挥,对清洁工的工作没头没脑

第16章 拥有一颗温暖的心，能量自然无穷

地又是一连串声色俱厉的指责。

清洁工底下没有人可以再骂了，她只得憋着一肚子闷气。下班回到家，清洁工见到读小学的儿子趴在地上看电视，衣服、书包、零食丢得满地都是，当下逮住机会便把儿子好好地修理了一顿。

儿子电视也看不成了，愤愤地回到自己的卧室，见到家里那只大懒猫正盘踞在房门口，立即狠狠地把猫儿给踢得远远的。

被自己的情绪影响工作是非常不明智的，一个人应该学会控制自己的情绪，将怒气转化为有建设性的工作。控制发怒的目的不是压迫愤怒，而是把愤怒的情绪巧妙地转移，导引为一种努力背后的动力以推进自己的事业向前发展。

在加利福尼亚州，有一位夫人叫萨迪·邦克，已经65岁了，被别人称誉为"飞行祖母"。三年前，她决定当一名飞行员。她不停地学习、训练，终于拿到了执照。现在她开着自己的飞机，四处旅行。最近她通过了各项考试，取得了驾驶波音机的资格。她说："依我所见，每人都应拥有一架飞机。"当她心情不好时，她便驱车去机场，把飞机开到7000英尺的高空，周围的一切立即变了样。她说："当你在高空俯视大地时，万物变得非常可爱，甚至连地面的人也很不一样。"

虽然我们无法在心情烦躁时都去驾驶飞机飞向高空，但是我们可以保持平静之心来提高心灵境界，感受快乐。你的心境越高，就越不容易受外界影响，也就越能控制自己的情绪。

美国历史上最受人尊敬的人物之一是前总统赫伯特·胡佛。有人向他提了这样一个问题："你一度成为美国人批评的中心人物，几乎所有的人都反对你，对你的言行举止嗤之以鼻。但是现在你是美国政界的元老，两大政党的人都对你十分尊敬，当你广受大家争议时，你有没有感到生气，进而扰乱你的目标？"

"每个人一生都需运用自己的头脑。当我决定从政时，我已仔细思考过从政对我意味着什么，也已掂量过将会付出什么样的代价。我清楚地知道我将遇到最尖锐的批评。尽管这样，我仍决定走上从政之路。所以，当

我碰到尖刻的批评时一点也不感到惊讶,我早已预料会有这种事。这样,我就能够平静地面对批评。"

当你拥有了一个平和的心态时,便能够正确积极地面对别人的批评。如果你心中已作好准备,当批评到来时,你便能泰然处之,而不会手忙脚乱,愤愤不平。

应付批评的最有效的方式之一就是像《圣经》中所说的那样:"要爱你的仇敌,为那逼迫你的人祷告。这样就可以做天父的儿子,因为阳光照好人,也照歹人。降雨给好人,也给不义之人。"

当这些话被付诸实践之后,你会发现它有相当神奇的效果。它会使你在面临别人的责难时仍然能够保持一种平和的心态,能够非常冷静地处理突如其来的事故。而别人看到你能够如此从容地处理问题,自然就会悄悄地站到你这边,这样你就会受到大家的喜爱。

幸福寄语

　　社会竞争日益激烈,每个人都会面临不同的压力,因此人人都有心情烦躁的时候,都会遇到难言的苦衷。在这种情况下,很多人都想尽量发泄自己的负面情绪。其实,在这个时候你如果能够始终保持一种平和的心态,你就能够非常冷静地处理突如其来的事故,你就能够赢得大家的喜爱。

...第17章

驾驭情绪，让幸福感回归

愚蠢的人生气，聪明的人争气

哲学家康德曾说："生气是拿别人的错误来惩罚自己。"在生活中，每个人都会经历各种挫折与不幸，家庭上的、工作上的、爱情上的，每个人都会遇到，永不落空。

当这些问题一遍遍地折磨自己时，何不绕开它，去做一个智慧的人，做一个善待自己的人呢？

只有愚蠢的人才会一味地去生气，而聪明的人想的是如何去争气。我们所遇到的挫折和不幸，并不完全是因为我们自己的原因，有很多是由于别人在某个环节做错了，所以才导致我们的失败。所以，当我们为此而生气的时候，其实是拿别人的错误来惩罚自己。如果有生气的时间和精力，还不如用在自己的工作、学习和事业上，让自己的知识领域拓宽，让自己睿智起来。

从前，有一个妇人特别爱为一些琐碎事生气，她也知道这样做不值得，可总是控制不住自己的情绪。于是，她便去求一位高僧为自己谈禅说道，以使自己能够做到遇事心胸开阔，不再斤斤计较。高僧听了她的讲述后，一言不发，把她领到禅房中，落锁而去。妇人气得高声大叫，叫了很长时间，高僧也不理她。无奈，妇人哀求高僧放她出去，高僧仍置若罔闻。妇人终于沉默了。这时高僧来到门外，问她："你还生气吗？"妇人说："我只为自己生气。我怎么会到这种地方来？我这是自作自受。""连自己都不肯原谅的人怎么能做到不生气呢？"高僧说完拂袖而去。过了一会儿，高僧又来到门外问道："还生气吗？""不生气了。"妇人说。"为什么不生气了？""生气也没办法呀！""你的气并没有消释，还压在心里，爆发后会更加激烈。"高僧说完又离开了。待高僧第三次来到门外时，妇人主动告诉他说："我不生气了。因为不值得生气。"高僧把门锁打开笑着说："还知道不值得生气。可见心中还有衡量，还有气根。"当高僧迎着夕阳转身要离去时，妇人不解地问道："大师，究竟什么是气？"高僧回过身来意味深长地说："气，就是别人吐出而你接纳到口中的那样东西；生气，是用他人的过错惩罚自己的一种蠢行。"妇人听后深有感触，叩谢高僧而去。

高僧的一席话可谓一语破的。

其实遇事生气与否不在于事情本身，而在于自己对于这件事情的看法和态度，在于自己修养水平的高低。

美国第三任总统杰弗逊在《实际生活中观察准则十诫》中曾经说过："一发怒，数到十再开口；假如非常愤怒，就数到一百。"一位大学教授对此心领神会，他介绍自己控制坏情绪的经验时说："每当我生气愤怒时，就闭口不言，即使讲话也不超过三句。一个人生气时很容易失去理智，意气用事，讲出来的话大多是气话，甚至是错话、脏话，就会使局面更糟。为了不让怒气坏了正事，在恼火的时候我宁可尽量少说话。"

生气和愤怒最好的解救之药是延宕，随着时间的推移流逝，怒气会大大缓解淡化，直至烟消云散。德国大哲学家尼采告诫人们："世上没有任何东西能像愤怒的情绪那样更快地损耗一个人。"如果你生气和发怒一分钟，便失去了六十秒的幸福。聪明人是不应该拿他人的过错来惩罚自己的。

有一位娱乐公司的小歌手，个子很矮，所以一直没有得到任何发展的机会。但他并没有放弃自己的梦想，毕竟身高并不是自己所能掌控的。有一次，他所在的城市举办了一场青年歌手演唱比赛，这个小歌手很希望自己能够参加这场比赛。他做了精心的准备，但在面试的时候，面试的人看了看他，竟然说："就你这样还想成名？小伙子，你先回家自己照照镜子看看吧！"

在大家的嘲笑中，小歌手被推出了门外。他很不服，特别生气，为自己感到委屈。他握紧了拳头，然后对着评委大声地喊道："你们不要小瞧人，总有一天，我会成为一个明星的，不信你们等着瞧吧。"小歌手的声音很大，但是大家都笑了，在他们眼里，这个小歌手就是一个彻头彻尾的傻子。小歌手一下子控制住了自己的情绪，并没有生气，因为他知道，只有自己真正强大起来以后，他们才会认识到今天的错误。他昂首挺胸地离开了。

　　这样的情况不知道发生了多少次，但小歌手始终没有放弃，他告诉自己："生气不如争气，自己一定要活出个样子来给那些瞧不起自己的人看看！"因为他对音乐有着执着的追求，奇迹终于出现了，他的才华打动了一个非常出名的制作人，并跟他签了约。不久以后，小歌手就一举成名，实现了他的梦想。

　　在生活中，有这样一些人，虽然他们一时没有成功，但他们从来没有想过放弃，面对别人的嘲笑和诋毁，他们只会用自己的行动去证明。他们时时刻刻都在等待着，等待着机会，等待着出人头地，等待着经受生命中的任何打击。

　　所以，我们千万不要小看"争气"，尽管它和"生气"仅有一字之差，但所蕴含的道理却有着天壤之别。争气是需要靠我们自身的努力才能够实现的，争气值得喝彩、值得鼓励、值得学习！

　　世界首富比尔·盖茨当年是顶着父母强大的压力，从名校哈佛大学辍学，最终凭借着自己的努力而缔造了一个微软时代；华人首富李嘉诚凭借自己的勤奋，14岁开始经商，历经坎坷，造就了自己的商业帝国，更挽救了一个濒临破灭的贫苦家庭；联想的总裁柳传志凭借着一股勇于挑战、不服输的韧劲，一手缔造了联想的神话。诸如此类的人物，在没有成功之前，哪一个没有遭受过别人的耻笑和嘲弄呢？在事业有成之前，他们和我们一样，甚至还不如我们。

　　人们常说："人争一口气，佛争一炷香。"别人越看不起你，你越要努力活出个样子来给他们看看。怒发冲冠、以牙还牙有什么用呢？你还是你，你的境况没有任何的改变，别人照样还是瞧不起你。人与人之间并没有本质的区别，既然别人可以功成名就，你同样可以。不要去抱怨别人的命好，其实只是别人比你更努力、更争气。鸡和雄鹰的祖先是一样的，但一个在土堆里刨食，一个在天空中畅游，是什么使得它们的命运如此不同？其实就在于心中那口气。

幸福寄语

人生的道路绝不会一帆风顺,每个人都会遇到各种各样的挫折与不幸。愚蠢的人遇到困难只会一味地去生气与抱怨,而聪明的人则会想方设法地去为自己争气。世界上从来就没有过不去的坎儿,我们完全没有必要拿别人的错误来惩罚自己。

别让忌妒之心折磨自己

忌妒是对才能、名誉、地位或境遇等比自己好的人心怀怨恨,是对别人的成就感到不快的一种心理感受。忌妒是一种不健康的心理,是一种消极的情感表现,是一种性格缺陷。

当今社会充满竞争,个体之间的差异在竞争中日益突出,很容易形成忌妒心理。大多数容易忌妒的人从小都是争强好胜的,总是希望自己样样都比别人好。假如别人在某方面超过了自己,心里就惶惶不安、不是滋味,继而产生了一种掺杂着憎恶与羡慕、自卑与虚荣、猜疑与伤心等的复杂感情。假如这种心理得不到及时调整,便会从忌妒、怨恨,发展到打击、报复,最终导致犯罪。

在日常生活中,忌妒的存在是很普遍的。英国科学家培根就曾经指出:"在人类的情欲中,忌妒之情恐怕是最顽强、最持久的了。"

举世闻名的大化学家戴维发现了法拉第的才能,于是将这位铁匠之子、小书店的装订工招到皇家学院做他的助手。法拉第进入皇家学院之后进步很快,接连搞出多项重要发明,就连戴维失败的领域他也取得了成功。

然而，当法拉第的成绩超过戴维之后，戴维心中不可遏制地燃起了忌妒之火。他不仅一直不改变法拉第实验助手的地位，还诬陷他剽窃别人的研究成果，极力阻拦他进入皇家学会。这大大影响了法拉第创造才能的发挥。

直到戴维去世，法拉第才开始其真正伟大的创造。

戴维本应享受伯乐的美誉，却因忌妒心理阻碍了法拉第的迅速成长，不仅给科学发展带来了损失，也使自己背上了阻碍科学发展、使科学蒙难的恶名，留下了令人遗憾的人生败笔。

其实，许多人都有不同程度的忌妒心，不过大多数人在产生忌妒时能够理智地做出正确的判断，从而控制自己的情感。也有少数人由于受消极情感的控制，采取了不良的行为寻求心理的平衡。

人的本性是不满足，不满足就是指每个人都希望自己比别人好，忌妒正是人的不满足本性的表现之一。忌妒也是人之常情，每个人或多或少都会有这样的心理。忌妒不能被完全理解为怨恨。有的人因为忌妒，对别人忌恨仇视，诋毁中伤；而有的人却因忌妒而积极进取，鞭策自己迎头赶上。

黑格尔说："有忌妒心的人自己不能完成伟大事业，便尽量去低估他人的伟大，贬低他人的伟大使之与他本人相齐。"

生活不相信忌妒，你有什么样的价值，生活自有评判。你的价值不会因你的忌妒而增加，却会让你因为忌妒而影响到自己的心情和声誉，最终不但苦了自己，还会殃及无辜。

心理学家的观察和研究证明，忌妒心强烈的人易患心脏病，而且死亡率也高；相反，忌妒心较少的人群，心脏病的患病率和死亡率均明显低于其他人。此外，如头痛、胃痛、高血压等，易发生于忌妒心强的人，并且药物的治疗效果也较差。

有一对夫妇，两个人都是非常著名的作家。他们年轻的时候就是因为对于文学的共同爱好而相互爱慕的，后来更是因为对相互才华的肯定而结合在一起。应该说他们是幸福的，但就在男作家61岁的时候，却残忍地杀死了他的爱人。

原来，在他们认识当初，男作家的名气就已经很大，而女作家还只是文坛的新秀。但渐渐地，女作家居然后来居上，其写作的才华和名气都超越了她的丈夫，这让男作家无论如何也接受不了。他忌妒的烈火已经无法扑灭，他开始抽烟、酗酒、打骂自己的妻子。

女作家因为无法忍受丈夫的忌妒和打骂，很长一段时间都是在朋友家里寄宿。这样的日子就一直持续着，直到有一天，女作家和男作家的新书同时出版，女作家的书卖得很好，刚一出炉就创下了几十万册的好成绩，而男作家的书却只卖出了几千册。男作家再也无法忍受这个和他朝夕相处的女人，更容忍不了她比自己更出色。于是悲剧发生了，他将枪口残忍地对准了跟他生活了半辈子的爱人，之后他又绝望地把枪口对准了自己……

本来在外人眼中两个人是天作之合，不仅有共同的志趣，又同是一起生活互相帮助的伴侣，谁也想不到他们之间会发生这样的悲剧。而悲剧的源泉，却仅仅是因为男作家的忌妒。

可怕的忌妒，不仅可以夺走相濡以沫的感情、夺走宝贵的生命，还可以夺走美好的前程。

引发忌妒心理的原因多种多样，但克服的办法却很简单也很直接。只要能够对自己看问题的角度稍做调整就会发现，忌妒别人是完全没有必要的。对于别人的忌妒，实际上是对自己的一种惩罚和虐待，是对自己的一种心理折磨。

忌妒心理对每个人来说，都是有伤害的，会严重地影响自己的成长与进步。与其花费时间和精力去忌妒别人，不如增加自己的本领和修养，等到自己有足够的能力和良好的品行时，自己的价值就得到了体现，别人也会尊重你、信任你！

幸福寄语

忌妒是对才能、名誉、地位或境遇比自己好的人心怀怨恨，是对别人的成就感到不快的一种心理感受。忌妒的人从来都是争强好胜的，总是希望自己样样都比别人好。对于别人的忌妒，实际上是对自己的一种惩罚和虐待，是对自己的一种心理折磨，它会严重地影响自己的成长与进步。与其花费时间和精力去忌妒别人，不如增加自己的本领和修养。

放下怨恨，学会原谅别人的过失

俗话说："人非圣贤，孰能无过？"在日常生活中，每个人都会因为一时的粗心大意而犯一些错误。如果我们始终抓着这一点不放手，一味执着于别人的错误，就显得我们自己过于苛求了。学着原谅对方的过失，是缓和彼此之间矛盾的最好方法。

当然，他人的过错可能会对你造成极为严重的影响，但是，在发脾气之前先静下心来想一想，自己发脾气之后事情是否就会有好转。既然发脾气丝毫不能解决任何问题，那么只有原谅别人的过失，然后再从长计议，寻找最合适的解决方法。可以允许自己在原谅别人之前，先发泄一下心中的怨气，然后再开始给他讲明道理。

不管遇到什么事，先不要急着发脾气，人在冲动的时候总是容易做错事。如此一来，不是雪上加霜吗？勤给自己打上这样一剂预防针，在遇到事情的时候便会在潜意识里面提醒自己。毕竟，别人也不是故意要把事情做错。面对无心之过，当我们能够以宽宏大量的气度原谅对方的时候，我们就能够因此赢得对方的尊重和信任。

有个年轻女子与男友交往多年，最后赫然发现原来男友早就已经有了家庭，自己根本被玩弄了。女子觉得很不甘心，决定展开她的"复仇计划"。

除了寄匿名信到男友的公司，她还聘请私家侦探跟踪男友的老婆，跑到他老婆的公司、娘家大吵大闹……她像个幽灵一样，如影随形地跟着她的男友，尽管男友换公司、搬家，都逃离不了她的"魔掌"……

这段复仇持续了一两年，最后她"胜利"了——男友丢掉工作，成为失业一族，他的妻子也不堪骚扰，与这名男子离婚。

她的复仇终于告一段落了。照理说，她应该高兴才是，但是，她不但没有丝毫的喜悦，还感觉怅然若失——因为"目标"虽然达成了，但她的生活却顿时失去中心。她赫然发现，她其实早就已经不在乎那个男人了，只是盲目沉浸在复仇的快感之中。到头来，才明白自己什么也没有得到！

俗话说"君子报仇，十年不晚"，只是很少人能静下心来思考，花这么长的时间"报仇"，究竟值不值得？伤害别人的同时，自己又能够得到什么呢？

选择原谅，其实不是要求自己成为圣人，而是为了避免一而再、再而三地自我伤害。

曾听过一种很有智慧的说法："利己利人的事，一定做；损己利人的事，考虑要不要做；损人不利己的事，一定不做。"当我们心中盈满怒气，满脑子燃着报复的怒火时，想想这句话，它可以让我们即时"刹车"，减少不必要的遗憾发生。

从前，有一个孩子由于从小父母离异，谁都不管教他，这样一来，他就经常和社会上的一些小混混搅和在一块儿，养成了很多不好的恶习。

一天，放学后他走到学校门口，看见路边摆了一个书摊，前面挤满了人。小孩平时很喜欢看一些图画书、故事书，于是他也挤进去看看卖些什么。原来卖的全是花花绿绿的小人书，很多都是他以前没有看过的。对于小孩来说，小人书是最吸引人的，很多人都掏钱把书买走了。这个小孩也想买一本，可是一掏口袋，发现自己没钱，身上的钱昨天花在了游戏室里。

这可怎么办好呢？假如现在回家向家长要钱，再来恐怕就卖完了，他很是伤脑筋，不知如何是好。这时候，一个罪恶的念头闪进了脑海，偷！再说，以前和街头的小流氓们也偷过东西。

　　于是少年装作要买书的样子，拿起那本他想要的书翻了翻，趁摊主大爷找钱的时候偷偷塞进了书包里。就这样，轻而易举地就得手了。他转身想赶快离开，突然一个洪亮的声音响起：“大爷，他偷你的书！”刚才站在他身边的一个男生看见了他的行为，这时，小孩吓出了一身冷汗，怔在那里，脸一阵红，一阵白。

　　他正在那里不知所措，这时只听摊主大爷说：“哦，同学，你误会了。他是我的孙子。”刚才那个男生看见是自己误会了，向大爷道歉离开了。小孩顿时有些傻眼，大爷又说：“你先回去吧，叫奶奶先做饭，我一会儿就回去。”他知道，大爷是帮自己解围，并告诉自己离开。可是他并没有离开，而是躲在一个角落里，直到摊主大爷收摊回家。他很想跑过去，向大爷说声对不起，可是他丧失了勇气。他知道，摊主大爷宽容了他。从那以后，少年再也没有偷东西。

　　多年以后，当摊主大爷快要忘记这件事情的时候，他突然收到一个厚厚的包裹，里面全是书，每本书上面都写着同样一句话：“赠给改变我一生的人。”还有一封信，信上说：“大爷，您好。我就是当年偷你小人书的那个孩子，您以无限的胸怀宽容了我，您是改变我一生的人。如果您不介意，我真想叫您一声爷爷。从那以后，我再也没有偷东西，现在我有了自己的工作，为了报答您对我的宽容，我想寄一些书给您，但是这些书又怎么能够报答您对我的恩惠和宽容。"

　　原来，宽容具有如此强大的力量，有时候竟然能够改变一个人的一生。

　　法国19世纪的文学大师雨果曾说：“世界上最宽阔的是海洋，比海洋宽更阔的是天空，比天空更宽阔的是人的胸怀。”宽容是一种博大的情怀，它能包容人世间的喜怒哀乐。宽容也是一种境界，它能使人生跃上新的台阶。海纳百川，有容乃大。有了这样的度量，还有什么东西容不下呢？

　　学会宽容才能为他人送去一缕阳光，使他人从黑暗的深渊爬起来。当别人犯错时，我们每个人都应该以宽容的心态来审视别人的错误，谅解别人的无意过失，接受别人诚恳的认错。一个人的一生是漫长的，人生道路是坎坷的、曲折的，一不小心就会误入歧途。这时需要你的宽容来感化他，引领他走向正确的道路。

幸福寄语

人非圣贤，孰能无过？在生活中，每个人都会犯这样那样的错误。倘若我们揪着别人的过失不放手，一味执着于别人的错误所在，就会显得我们自己有点过于苛求了。学着原谅别人的过失，是缓解矛盾增强友谊的最佳方法。

宽容他人，把伤害留给自己

古人曰："海纳百川，有容乃大。"正因为海洋大度地接纳了所有的江河、小溪、川泽，才有了它最壮观的辽阔和豪迈。"天称其为高者，以无不覆；地称其为广者，以无不载；日月称其明者，以无不照；江海称其大者，以无不容。"

"大肚能容，容天容地，于己何所不容；开口便笑，笑古笑今，凡事付之一笑。笑东笑西，笑南笑北，笑来笑去，笑自己原无知无识；观事观物，观天观地，观日观月，观来观去，观他人总有高有低。"做人要严于律己，宽以待人，有了这种宽容的气度，才能安然走过四季，才能闲庭信步笑看花开花落。

林肯竞选总统成功之后，准备起用一名曾迫害过自己的政客而遭到同僚们的一致反对。然而林肯对他的部下这样解释说：把敌人变为朋友有什么不好？我这样做的结果是：既可消灭一个敌人，而又会多得到一个朋友……

北魏孝文帝拓跋宏是位年轻有为的少数民族皇帝。他当皇帝期间，锐意进取，革除鲜卑族人的一些陋习，大胆起用汉族人为官，推动了北魏政治和经济的向前发展。

孝文帝执政时期，急需一位得力之士到动荡的定州去稳定局势，一时为找不到合适的人选而愁眉不展。正在着急的时候，有人向他推荐说："宫中伺候您的那位汉人赵黑是个了不起的人才，可以担当此重任。"对于赵黑，孝文帝有所耳闻。此人出身低微，在宫中当太监，但博学多识，善于为大家排忧解难，在宫中受到了上上下下的爱戴。还是在孝文帝很小的时候，就曾听他讲周文王渭水访贤，姜太公老来遇英主的故事。听人这么一推荐，孝文帝就想起了赵黑，准备委以重任。

为了表示对赵黑的尊重，孝文帝摆上丰盛的酒宴，亲自与他面谈到定州镇守事宜。君臣二人边吃边谈，孝文帝说："我想派你去镇守定州，希望你把满腹才学都使出来，不要辜负我的一片苦心。"赵黑站起来谦让说："我出身低贱，才疏学浅，又是汉人，恐怕不能胜任。"

正在这时，一位厨师将一道热菜送上来，恰巧一只苍蝇掉到菜盘子里去了，厨师吓得面如土色，话都说不出来，孝文帝笑了笑，轻描淡写地用筷子将苍蝇挑了出来，若无其事一般，并不追究。

这个厨师出去之后，又端来一碗热汤。因为先前的苍蝇事件，心理压力增大，越是小心越是出问题，手一抖，碗一斜，热汤浇在孝文帝手上了！孝文帝一声惊呼，厨师差点晕倒，立马跪倒请罪。哪里知道，孝文帝仍是一副好脾气，并未发怒，和颜悦色请厨师起身，安慰他说："没事没事，起来吧！"厨师感激得涕泪交加，诚惶诚恐地退了出去。

这一切，赵黑看在眼里感动在心上——为这样的主子卖命，值啊！赵黑涕泪交集地表了决心，感恩戴德去定州走马上任了。后来，孝文帝到定州巡视，只见一派兴旺景象，老百姓安居乐业。孝文帝非常高兴，立即奖给赵黑一百担谷、五百匹帛。

孝文帝宽宏大度到这种程度，面对厨师的过失冒犯他并没有愤怒，这是何等宽广的胸怀！有了这样宽广的胸怀，怎么不让人感动，怎么不让人安心呢？

古时候，有一位修行极高的老禅师。一天傍晚，他在禅院里散步，发现墙角摆放着一张椅子，上面布满脚印。禅师心下明白，一定又有贪玩的小和尚翻墙出去了。他挪开椅子，一声不响地站在墙角。

过了一段时间，偷跑出去的小和尚翻墙回来、双脚落地时，发现自己刚才踩的竟然是师父的肩膀，顿时魂飞魄散。出乎意料的是，老禅师并没有对小和尚严加斥责，而是和颜悦色地劝说道："夜深天凉，快去加件衣服，小心着凉。"小和尚立即羞愧难当。从那以后，他再也不翻墙出去玩了。

在现实生活中，难免会与别人发生激烈的冲突。当有人在背后恶语中伤你的时候，你是想"以牙还牙"，用同样的坏话攻击他，还是能够泰然处之，保持缄默呢？

当平日的挚友背叛你的时候，你是选择伺机报复呢，还是选择默默承受，宽宏大量地原谅挚友的过错呢？宽容是一种至高的人生境界，只有能够原谅可容之言、饶恕可容之事、包涵可容之人，才能达到这种宠辱不惊的境界，同时也为自己营造一个安宁的心境。

二战期间，一支部队在森林中与敌军相遇，激战后两名战士与部队失去了联系。这两名战士来自同一个小镇，一个年轻，一个年长。

两人在森林中艰难跋涉，他们互相鼓励、互相安慰。十多天过去了，仍未与部队联系上。这一天，他们打死了一只鹿，依靠鹿肉又非常艰难地度过了几天。也许是战争使动物四散奔逃或被杀光，这以后他们再也没看到过任何动物。他们把仅剩下的一点鹿肉，背在年轻战士的身上。这一天，他们在森林中又一次与敌人相遇，经过再一次激战，他们巧妙地避开了敌人。

就在自以为已经非常安全的时候，只听一声枪响，走在前面的年轻战士中了一枪——幸亏伤在肩膀上，没夺去性命。年长一点的战士惶恐地跑了过来,他害怕得语无伦次,抱着战友的身体泪流不止,并赶快把自己的衬衣撕下来,给战友包扎伤口。

晚上,未受伤的年长战士一直念叨着母亲的名字,两眼直勾勾的。他们都以为熬不过这一关了。尽管饥饿难忍,可他们谁也没动身边的鹿肉。天知道他们是怎么熬过那一夜的。第二天,部队救出了他们。

事隔30年,那位受伤的战士说:"我知道谁开的那一枪,他就是我的战友。当时在他抱住我时,我碰到他发热的枪管。我怎么也不明白,他为什么对我开枪?但当晚我就宽容了他。我知道他想独吞我身上的鹿肉,我也知道他想为了他的母亲而活下来。此后30年,我假装根本不知道此事,也从不提及。战争太残酷了,他母亲还是没有等到他回来,我和他一起祭奠了老人家。那一天,他跪下来,请求我原谅他,我没让他说下去。我们又做了几十年的朋友,我宽容了他。"

在这个世界上,即使一个非常宽容的人,也往往很难容忍别人对自己的恶意诽谤和致命的伤害。但是,唯有以德报怨,把伤害留给自己,才能够赢得一个充满温馨的世界。

所以说,当别人有意或者无意伤害到你的时候,请一定要学会放下仇恨,请一定要能够以宽容之心来原谅别人的过失。

幸福寄语

在这个世界上,比海洋更广阔的是天空,比天空更广阔的是人的心灵。当别人有意或者无意伤害到你的时候,你一定要学会放下仇恨,以宽容的态度来原谅别人的过失。只有这样,你才能够换来别人的热爱与信任。

...第18章

接纳自己是一种幸福的能力

制定一个切实可行的规划

一句英国谚语说得好，对一艘盲目航行的船来说，任何方向的风都是逆风。

人生如果没有规划，我们的梦想便是无的放矢，无处依归。有了规划，才有斗志，才能开发我们的潜能，才能够把工作做到位。

有本杂志上刊登过这么一个故事：

有一个在小镇上做了十几年生意的商人，朝夕之间，生意失败了。当一位债主跑来向他要债的时候，这位可怜的商人正在寻找他失败的原因。

商人问债主："我为什么会失败呢？难道是我对顾客不热情、不客气吗？"

债主说："也许事情并没有你想象得那么可怕，你不是还有许多资产吗？你完全可以再从头做起！"

"什么？再从头做起？"商人有些生气。

"是的，你应该把你目前经营的情况列在一张资产负债表上，好好清算一下，然后再从头做起。"债主好意劝道。

"你的意思是要我把所有的资产和负债项目详细核算一下，列出一张表格吗？是要把门面、地板、桌椅、橱柜、窗户都重新洗刷、油漆一下，重新开张吗？"商人心里嘀咕道。

"是的，你现在最需要做的就是按你的计划去办事。"债主坚定地说道。

"事实上，这些事情我早在15年前就想做了，但是一直没有去做。也许你说的是对的。"商人喃喃自语道。后来，他确实按债主的主意去做了，而且，他的生意也成功了。

这位商人正是因为有了计划，才成功地做成了生意。如果他在这庞大的生意圈里毫无计划，他真的会一直迷惘下去，更别提获得成功了。

有些人不喜欢让自己的计划去支配自己，但是这样，不仅对别人不负责，对自己也不负责，对社会更不负责。一个没有计划的人，他们在遇到失败的挫折后，不是积极地去面对，而是选择逃避。他们需要计划去指引。

未来不是现实，未来的事情往往很难确定。就如同航海，你在航行的过程中也不知道会不会有风暴，天气预报有时也会失误。未来的不确定性使得制订计划更加重要。有的人说反正情况总会发生变化，未来也难以确定，现在制订计划岂不是白费力气。其实，事实并不是这样的。

如果有计划，一旦情况发生变化，人们也不会措手不及，只有按部就班地完成目标，才有可能实现自己的理想。

前美国财务顾问协会的总裁刘易斯·沃克，曾接受一位记者采访，记者问道："一个人不成功的主要因素是什么呢？"

沃克回答："模糊不清的目标。"

记者请沃克作进一步的解释，沃克说："我在几分钟前就问你，你的目标是什么。你说希望有一天可以拥有一栋山上的小屋，这就是个模糊不清的目标。问题就在你所希望的'有一天'不够明确。因为目标不够明确，所以成功的机会也就不会大。"

"如果你真的希望在山上买一栋小屋，你必须先找到那座山，计算出那间小屋的现值，然后考虑通货膨胀等因素，计算出若干年后这栋房子值多少钱；接着你必须决定，为了达到这个目标每个月要存多少钱。如果你真的这么做了，你可能在不久的将来就会拥有山上的那栋小屋。但你如果只是说说笑笑而已，梦想就可能不会实现。梦想是愉快的，但没有配合实际行动计划的模糊梦想，说白了也只是妄想而已。"

有的小孩说，我长大后要做一位伟人，这个目标就很不具体。就像我们小时候在作文本上经常看到有孩子写上"我长大要做总统"一样。

很多成功人士都有这样的感受：明确的目标会带给你激情的火花，它就像成功的助推器，会推动你向理想靠近或飞跃。一个人如果没有明确的目标，他就会失去崇高的使命感，同时也就丧失进取的活力。

一个人有了美好的理想，就一定要想清楚自己到底想要获取什么样的成功。然后，再根据自己的理想制定一个切实可行的规划，并且按部就班地执行下去。

幸福寄语

明确的目标会为你带来激情的火花，它就像成功的助推器，会推动你向理想靠近或飞跃。一个人如果没有明确的目标，他就会失去崇高的使命感，同时也会更丧失进取的活力。一个有理想的人就应该为自己制定一个切实可行的规划，并且按部就班地执行下去。

正人先正己，打铁还需自身硬

一位女士养了一只鹦鹉，非常美丽，但它有一个毛病，常常咳嗽，而且声音混浊难听，喉咙里好像塞满了痰。女主人带它去看兽医，但检查结果显示，鹦鹉完全健康。

这是为什么呢？因为女主人是个烟奴，时常吸烟，且吸烟后时常咳嗽，久而久之，鹦鹉便学会了这种声音。这就应了中国的一句古话——上梁不正下梁歪。

倘若你不想"上梁不正下梁歪"的话，你就必须"正人先正己"。孟子曾说："有大人者，正己而物正者也。"对自己有一个正确的认识，确定好自己的地位和角色，只要既不自大自傲、好为人师，又不自卑自贱、甘为奴仆，才能保持自尊，才能赢得别人的尊敬。

如果能够正确对待自己，处世待物就比较容易了。孟子的见解，当为通理。"恭者不侮人，俭者不夺人。"恭敬别人，自然不会侮辱别人；自己节俭，自然不会去掠夺。而你尊敬别人，别人自然也会尊敬你；你掠夺别人，别人自然也会掠夺你。因此，正人先要正己。

春秋晋国有一名叫李离的狱官，他在审理一件案子时，由于听从了下属的一面之词，致使一个人冤死。真相大白后，李离准备以死赎罪。晋文公说："官有贵贱，罚有轻重，况且这件案子主要错在下面的办事人员，又不是你的罪过。"李离说："我平常没有跟下面的人说，我们一起来当这个官，拿的俸禄也没有与下面的人一起分享。现在犯了错误，如果将责任推到下面的办事人员身上，我又怎么做得出来。"他拒绝听从晋文公的劝说，伏剑而死。

正人先正己，做事先做人。管理者要想管好下属必须以身作则。示范的力量是非常惊人的。不但要像先人李离那样勇于替下属承担责任，而且要事事为先，严格要求自己。一旦通过表率树立起在员工中的威望，将会上下同心，大大提高团队的整体战斗力。得人心者得天下，做下属敬佩的领导将使管理事半功倍。

三国时期的曹操，虽被世人称作"挟天子以令诸侯"的奸雄，但他却能从自身做起，以身作则，使自己拥有了最具战斗力的军队，为以后的魏国奠定了坚实的基础。有一次曹操带兵出征打仗，行军途中看到麦田里成熟的麦子，于是下令：有擅入麦田，践踏庄稼者，斩！可是命令刚下达，一群小鸟忽然从田间惊起，从曹操马前飞过，那马不由一惊，一声长嘶，径直冲进麦田，将成熟的麦子踩倒一大片。

曹操非常心痛，马上拔出佩剑就要自刎，被众将慌忙拦住，大呼："丞相，不可！"于是，曹操仰面长叹："我才颁布了命令，如果自己制定的法令自己不能遵守，还怎么用它约束部下呢？"说完又要自刎。众将以军中不可无帅力劝曹操不可自刎。这时，曹操便拉过自己的头发，用剑割下一绺，高高举起："我因误入麦田，罪当斩首，只因军中无帅，特以发代首，如再有违者，如同此发。"于是人人自觉，小心行军，无一践踏庄稼者。

汉代名将李广不但是一位骁勇善战、百发百中的神箭手，而且还是一位体贴士卒、廉洁奉公的将军。他历任七郡太守，前后四十余年，每次一得到朝廷的赏赐，立即分赏给其部下，同士卒一起吃喝。他家没有多余的财物，也始终不过问家产的事。他带兵打仗，每次长途跋涉、口干舌燥之时，遇到水源，总是先让士卒喝。如果全部士卒没有饮够，他就决不进水；如果士卒不全部吃饱，他决不进食。再加上他平时对下属和蔼、宽厚、不苛求，所以士卒们都非常爱戴他，都很乐意被他任用。司马迁在《史记·李将军列传》中，引用了上述孔子关于"身正令行"的话，然后由衷地赞叹道："这里说的不正是李将军吗！"

正人先正己，同样适用于竞争激烈的商场。

包玉刚是香港隧道公司董事局的主席，他曾经定过一个规矩：本公司任何人通过隧道都要照章缴费，即使公司董事也不例外。有一次，他出门办事，坐一辆面包车行至狮子山海底隧道。这条隧道是环球集团的产业。不料，到了收费站，面包车司机才发现自己忘了带钱，就向包玉刚借。包玉刚往口袋里一掏，不禁哈哈大笑，原来他也分文未带。事出特殊，只要包玉刚对收费站的工作人员打声招呼，他们一定会放行的。但是，包玉刚却没有这么做。他对面包车司机说："别着急，我们在这里等一下。待会儿有朋友经过时，正好宰他一把。"他们等了很久，好不容易等来一个熟人。那人奇怪地问："你不是隧道公司主席吗？谁不认识你？说一声不就过去了？"包玉刚哈哈一笑，幽默地说："老天通知我，今天该你破费，让我在这里恭候阁下。"

也许有人认为，包玉刚在执行制度方面过于刻板，不知变通。但是，我们应该知道，企业管理者是掌握原则的人，是衡量下属的一杆标尺，而标尺的刻度必须精确才行。如果企业管理者随意改变自己制定的规章制度，那这些制度就失去了存在的价值。

第18章 接纳自己是一种幸福的能力

幸福寄语

一个人要对自己有个比较正确的认识,确定好自己的地位和角色。倘若一个人能够正确对待自己,处世待物就比较容易了。在这个世界上,恭敬别人,自然不会侮辱别人;自己节俭,自然不会去掠夺。而你尊敬别人,别人自然也会尊敬你;你掠夺别人,别人自然也会掠夺你。因此,正人先要正己。

人皆平等,用尊重赢得他人

尊重是一种礼貌,更是人们之间友谊的桥梁。一个懂得尊重别人的人,一定会赢得别人的信任。人类是群居动物,人与人之间的沟通必不可少。人们所说的每一句话,都带有某种特定信息,不管喜怒哀乐,这一切都必须依赖彼此的沟通。如果要进行有效的沟通,必须要学会尊重别人,这样才能事半功倍。

有一天,苏东坡与老和尚一起打禅。老和尚问苏东坡:"你看我打禅像什么?"苏东坡想了一下,并没有立即回答,而是反问老和尚:"那你看我打禅像什么?"老和尚说:"你真像是一尊高贵的佛。"苏东坡听了,心中暗暗地高兴。于是老和尚说:"换你说说你看我像什么?"苏东坡心里想气气老和尚,便说:"我看你打禅像一堆牛粪。"老和尚听完苏东坡的话淡然一笑。苏东坡高兴地回家找苏小妹谈论起这件事,苏小妹听完后笑了出来。苏东坡好奇地问:"有什么可笑的?"苏小妹斩钉截铁地告诉苏东坡,人家老和尚心中有佛,所以看你如佛;而你心中有粪,所以看人如粪。当你骂别人的同时,也是在骂自己。

这个饶有趣味的故事给我们的启示是:从批评者的言行能看出其眼界

和见识。所以，一个人心里想的是什么，就会说出什么样的话来，这正好反映了一个人待人处世的风范和内涵。一个人在骂人的同时也会成为别人讨厌的对象，必定很难得到对方的认同，也会因此失去别人的信任。一个良好的沟通应该是建立在彼此尊重的角度，才能够达到谈话的效果。

据说，在美国印第安保护区有个原始部落，在集会时有一个规定，就是得赤身裸体地一起活动。这个特别的风俗，让他们饱受外人的白眼与嘲笑，但即使如此，他们仍然不愿意改变这个传统。

有一年，这个原始部落不幸发生瘟疫，全部的族人几乎都被感染了。

于是，他们决定到邻近的城镇里，邀请一位当地非常有名的医生前来帮助他们治病。然而，这位医生一想到他们的传统，便感到十分为难。但是，看着跪在地上的求助者，医生的使命感与责任感不断地被激起，最终他还是勉为其难地答应了。

为了迎接医生的到来，原始部落的族人们紧急开会决议，为了尊重这位名医，他们决定破例穿上衣服。

所以，这天所有人都特别穿上了衣服，有的人甚至打上了领带，聚集在教堂里，等待医生的到来。

悠扬的钟声响起，医生缓缓地走了进来，然而眼前的情景，却让在场的每一个人都愣住了，这也包括医生本人。

因为，老医生背着沉重的医疗器材走进来时，身上居然一丝不挂！

在这个世界上，还有什么比为了帮助对方而迁就对方的立场更让人感动的呢？我们每个人都在追求幸福快乐的生活，但是，什么才是真正的幸福呢？怎样才能享受到真正的快乐呢？

其实，只要我们用心，就一定能够享受到真正的快乐与幸福。

因为，人与人之间有着绝对的互动关系，那就像弹力球一样，你用多大的力道打到墙面，球体便会以相同的力道，从墙面上弹射回来。

一个人内心最大的渴望是得到别人的尊重。别人希望我们能尊重他们，我们内心也希望别人尊重我们。但是，尊重要靠自己去赢得，只有我们先尊重别人，才能够得到别人的尊重。当我们在心理上有尊重别人的想法时，才可能做出尊重别人的行动。

学会尊重他人就如同面对一面镜子,你对它笑,它也会对你笑。尊重别人是一种美德,它会赢得认同、欣赏和合作。请你记住:不尊重朋友,你将失去快乐;不尊重同事,你将失去合作;不尊重领导,你将失去机会;不尊重长者,你将失去品格;不尊重自己,你将失去自我。

任何时候都应当尊重别人,不管对方的地位是高还是低,不论对方是我们的属下、同事还是上司,切记不要有不礼貌之举,因为尊重别人等于尊重自己。

当然,要别人尊重我们,最重要的是我们要成为一个高雅的人、优秀的人,也就是我们本身必须值得别人尊重。我们的性格、志趣、爱好等,都要有值得别人尊重的地方。如果自己是一个低俗的人,即使我们尊重了别人,别人也难以尊重我们。如果我们是低俗的人,别人会因与我们为伍而感到不自在,甚至会感到耻辱。那样,将会是我们一辈子的悲哀。

人与人之间的关系没有什么固定的公式可循。要从关心别人、体谅别人和尊重别人的角度出发,做事时为对方留下足够的空间和余地,发生误会时要替对方着想,主动反省自己的过失,勇于承担责任。

叔本华说:"要尊重每一个人,不论他是何等的卑微与可笑。要记住活在每个人身上的是和你我相同的性灵。"其实,尊重别人不需要付出很多,也许我们一句关心的话就足以让人感动,让一个心怀自卑的人树立起自尊,让一个处境窘迫的人重新找到自信。

幸福寄语

尊重是一种礼貌,更是人们之间友谊的桥梁。任何时候都应当尊重别人,不管对方的地位是高还是低,不论对方是我们的属下、同事还是上司。在生活中,一个懂得去尊重别人的人一定会赢得别人的信任。

放下犹豫，学会果断决策

生活中有很多人一事当前总是举棋不定、犹豫不决，这就是所谓的优柔寡断。这种人在采取措施前往往拿不定主意，一定要去找人商量。这种意志不坚定的人，连自己都不相信，更不会被别人所信赖。优柔寡断是成功者都唾弃的短板之一。

优柔寡断的坏处不只是成功的障碍，它给人最大的负担是精神上的压力。通常，人们在慎重行事的同时，少一分顾虑，就多一分成功的可能，可优柔寡断只会让先机尽失。

有的人之所以优柔寡断，是因为他们不敢面对事情的结果，不知道结果是好还是坏，是吉是凶。优柔寡断令他们常常怀疑自己的决定，不敢相信自己本身能够解决重要的事情。如果处世总是优柔寡断，必定会一事无成。

两个猎人去打猎，路上遇到了一只大雁，于是两个猎人同时拈弓搭箭，准备射杀大雁。这时猎人甲突然说："喂，我们射下来后该怎么吃？是煮了吃，还是蒸了吃？"猎人乙说："当然是煮了吃。"猎人甲不同意煮，说还是蒸了吃好。

两个人争来争去，但就是作不了决定，一直没有达成一致意见。终于，前面来了一个砍柴的村夫，于是两个人征询村夫的意见，村夫听完，说："这个很好办，一半拿来煮，一半拿来蒸，不就可以了？"两个猎人感觉这个主意不错，决定就这么办。于是再次拈弓搭箭，可是大雁早已飞走了。

猎人犯了议而不决、拖沓等待的错误，在如何吃的问题上，花了太多的时间和精力，最终失去了猎杀大雁的最佳时机。没有了猎杀的过程，当然就没有了怎么吃的结果；没有快速地行动，当然就没有最后的成功。

这里，制订计划是前提，而迅速地行动才是检验计划和实施计划的根本，快速行动应该是一个有所追求的人必备的素质。要克服决断依赖症，在需要作出决断的时候，不会无谓地拖延，就要明确行动的重要性，不在计划上耗掉太多的时间。有的时候，优柔寡断的人，往往就是因为将计划的重要性强调得太厉害了，所以迟迟作不了决定。

管理学大师汤姆·彼得斯说，快速制订计划并迅速行动是一种修养。拿破仑·希尔说，不要等到万事俱备以后才去做，永远没有绝对完美的事。如果要等所有条件都具备以后才去做，那就只能永远等待下去。

优柔寡断的人，就像一个贪婪而不自量力的家伙，显得可笑而又愚蠢，可恨而又可怜。他必须要将"人生就是有得必有失"的道理，明确到他的具体行动上。一个人的精力是非常有限的，不可能在每一个方面都做到最好。而最明智的方法就是不要优柔寡断，要快速作出决定。

某地发生水灾，整个乡村都难逃厄运，村民们纷纷逃生。一位上帝的虔诚信徒爬到了屋顶，等待上帝的拯救。不久，大水漫过屋顶，刚好有一只木舟经过，身上的人要带他逃生。这位信徒胸有成竹地说："不用啦，上帝会救我的！"木舟离他而去。片刻之间，河水已没过他的膝盖。刚巧，有一艘汽艇经过，来拯救尚未逃生的人。这位信徒却说："不必啦，上帝一定会救我的。"汽艇只好到别的地方救其他的人。

几分钟后，洪水高涨，已到了信徒的肩膀。正在此时，有架直升机放下软梯来拯救他。他死也不肯上飞机，说："别担心我啦，上帝会救我的！"直升机也只好离去。水继续高涨，这位信徒最后被淹死了。死后，他升上天堂，遇见了上帝。他大骂："平日我诚心祈祷您，您却见死不救。算我瞎了眼啦。"

上帝听后叫了起来："你还要我怎样？我已经给你派去了两条船和一架飞机！"

机会只敲一次门，成功者应该善于当机立断，抓住每次机会，充分施展才能，切记要正视自我的不足，纠正优柔寡断的短板，只有这样才能最终获得成功，得到命运的垂青。

对于渴望成功的人来说，犹豫不决、优柔寡断是一个凶险的敌人，在它还没有伤害你、破坏你、限制你一生的机会之前，你一定要把这一敌人置于死地。要想人生成功，就要逼迫自己下狠心消除优柔寡断，训练出一种遇事果断坚定、迅速决策的能力，对于任何事情都不要犹豫不决。

当然，对于比较复杂的事情，在决断之前需要根据各方面的信息来加以权衡和考虑，充分调动自己的知识进行最后的判断。一旦打定主意，就不要再更改，不再留给自己回头考虑、准备后退的余地。一旦决策，就要排除杂念，付诸实施，并根据实际情况修正实施方案。只有这样做，才能够坚决摒弃心态上的犹豫，逐渐养成坚决果断的个人习惯。

一个人的成功与果断决策的能力有着密切的关系。如果不正视自己的优柔寡断、犹豫不决，听之任之，那么你的一生，就会像深海中的一叶孤舟，永远漂流在狂风暴雨的汪洋大海里，永远到达不了成功的目的地。

幸福寄语

在生活中，很多人遇事时总是举棋不定、犹豫不决，他们在采取措施前往往拿不定主意，一定要去找人商量。这种意志不坚定的人，连自己都不相信，更不会被别人所信赖。优柔寡断不只是成功的障碍，它更会给人带来精神上的压力，让人失去一个又一个良机。

...第19章

运用感性能力,品味幸福人生

幸福是由很多细节组成的

幸福是什么呢？幸福是由很多细节组成的，劳累时候的一杯热茶，失望时候的一句鼓励，寻常日子里的会心一笑，行走路上的互相牵手……看似小小的动作，却常常会温暖人心。

人类总是有着对温暖的向往之情。当我们感到被人呵护、被人在意时，便会不由自主地在内心深处涌起一种幸福的感觉。相反，冷漠和忽视往往会拉远人与人之间的距离，而且还会在不经意间伤害到对方。

女主人公很美丽，她的婚姻和她的相貌一样完美。但是不管多么完美，日子久了，终究会变得平淡。平淡久了，也终究会厌烦。当她厌烦到快要麻木的时候，她邂逅了一个丈夫之外的男人，那个男人让她看到了一个全新的世界。于是她决意离婚，丈夫久久没有言语。

她拿出小剪刀开始修剪指甲，可是她的小剪刀有点钝了，不是很好用。

"你把抽屉里那把新剪刀递给我一下，好吗？"她说。

丈夫把剪刀默默地递给她。她忽然发现，丈夫递给她剪刀的时候，刀柄的方向是朝向她的，刀尖朝着自己。

"你怎么这么递剪刀呢？"她有点儿奇怪。

"我一直都是这么给你递剪刀的。"丈夫说，"这样万一有什么意外，也不会伤到你的。"

"是吗？"她说，心却忍不住轻轻一动，"我从来没注意过。"

"那是因为这太平常了。"丈夫静静地说，"我从没有说过，因为我一直以为这没有必要说——其实我的爱也是这样的。从我爱上你的那一天起，我就告诉自己说，要把最大的空间给你，要把最大的自由给你，就像刚才递剪刀时把刀柄给你一样，把爱情的生杀大权给你，让你不会受到伤害——最起码不会从我这里受到伤害。也许这并不惊天动地，也并不轰轰烈烈，可这就是我的爱。"

她低下头，望着手中冰凉的剪刀，泪水汹涌而出。

是的，丈夫一直都是这么爱自己的，他给予自己的一直都是"刀柄之爱"，可自己给予丈夫的又是什么呢？

这是怎样一份细腻的爱，当我用心去体会时，连自己都被深深地感动了。故事中的这个女人，最终回到了丈夫身边。

面对即将崩溃的婚姻，是丈夫那一个小小的爱的细节挽救了它。女人终于在丈夫递剪刀的那一刻领悟到了爱的真谛。真正的爱不仅仅是浪漫的相遇，热烈的吸引，醉人的蜜语和澎湃的激情，也许它更是深广的宽容，细微的疼惜，淡远的关爱和无声的表达！

一个漫天飞雪的冬天里，一对刚进入超市的老夫妻正站在一边互相为对方弹落身上的雪。两个人的动作都很仔细，先是轻轻给对方拂去头上的雪，再用手轻轻弹去对方肩膀上的雪，最后再互相把背后的雪一点一点用手从上而下地拍落。老人的动作轻柔缓慢，却又是如此默契，让人联想到以往的很多年里，他们就是这样为对方拂落身上的尘埃和积雪。

这看似不经意间的一个小小的动作，却深深地感动了我们。试问，在这个世界上还有多少夫妻记得为对方拍一下身上的积雪呢？试问，还有哪一对夫妻配合得如此默契呢？这轻轻的一举手一投足，却代表着一丝丝的爱意，它们用行动向彼此表达着内心的关怀。

幸福就像空气，握不住，摸不到，只有当你用心去感悟的时候，你才会发现：幸福就在我们生活的每一个细节里。一件微不足道的事情，一个小小的动作，都会让我们感动很久很久。

麦琪大学毕业后，被一家著名的公司录用了。她兴奋地告诉自己，这回终于可以享受生活了。可她很快就感觉到，这份每周需要工作84小时的高薪工作充满压力。她又说服自己：没关系，拼命工作才能更快升职。当然，她也有开心的时刻——加薪、拿到奖金或升职时，但这些满足感很快就消退了。

经过多年打拼，麦琪成了公司合伙人。她曾多么渴望这一天。可是，当这一天真的快要来临的时候，她却不觉得快乐。

她被身边的人认定是成功的典型，朋友们拿她当偶像来教育自己的小孩。可是麦琪呢，由于无法找到幸福，她干脆把注意力集中在了眼下，用酗酒、吸毒来麻醉自己。她尽可能地延长假期，在阳光下的海滩一待就是一整天，消耗着毫无目的的人生，再也不去担心明天的事。起初，她快活极了，但很快就感到了厌倦。麦琪决定向命运投降，听天由命。

做"忙碌奔波型"并不快乐，做"享乐主义型"也不开心，因为找不到方向。

许许多多的小事情都充满意义，包括柴米油盐、衣食住行，都可以给人带来幸福感。不妨列一个单子，想想你每天的生活程序，家庭里的，工作上的，和朋友一起做的事，和家人一起做的事，等等。

在生活中，只要注意日常生活中的点滴细节，就能收获满满的温馨。一个会意的微笑，一句轻声的问候，一个默契的眼神，一份真诚的牵挂，都是那么美好。

建立一个个小的生活目标，把每一个生活小点滴都积攒起来，在一段时间后，你会发现自己成熟了许多。

其实，许多唾手可得的幸福总是掩藏于平淡朴实的风景中。如果用一颗快乐的心去体验，就会在被你忽略了的生活点滴中找到幸福。

幸福寄语

　　幸福是由很多细节组成的，劳累时候的一杯热茶，失望时候的一句鼓励，寻常日子里的会心一笑，行走路上的互相牵手……看似小小的动作，却常常会温暖人心。所以，在这个纷纷扰扰的世界里，适时地放慢节拍，停下来做一做深呼吸，放松一下自己，好好地感觉一下世界的美好，好好地领悟一下生命中每一个令人感动的细节。

痛苦是人生的另一种快乐

人生的道路从来都是不平坦的，欢乐痛苦是一对孪生姐妹，我们在体验幸福的同时，也总难免要感受痛苦。

快乐是一种生活的态度。范仲淹"不以物喜，不以己悲"，李白"抽刀断水水更流，举杯消愁愁更愁"，是两种截然不同的人生态度。快乐是生命的泉水，是希望的花朵，是七彩的阳光。快乐者，即使处于人生的低谷，仍信心百倍。快乐者是一团火，既照亮自己，又温暖别人。真正的快乐无须拥有多少金钱和地位，它平常、简单、朴素，无遮无掩，常常就处在我们身边某个伸手可及的地方。快乐的最大秘诀，就是做自己喜欢的事情。一个人的快乐，不是因为他拥有得多，而是因为他计较得少。人生短暂，不要浪费时间去为尘世间的荣辱得失、是是非非、恩恩怨怨而烦恼，只要问心无愧，只要付出了努力，也就无怨无悔了。所以学会享受痛苦也是一种生活。

痛苦的到来，有时是对幸福的提醒，有时是对天才的暗示。痛苦是一座熔炉，它能熔化掉人身上的杂质。当你痛苦的时候，你的心可能因痛苦而善良，你的目光可能因痛苦而深邃，你的襟怀可能因痛苦而坦荡。

痛苦是一块生命的试金石。你有痛苦，说明你正在不停地探索着；你有痛苦，意味着有一粒希望的种子在心中萌动。痛苦是智慧的第一抹曙光。在这个世界上，没有痛苦，人就只有卑微的幸福。没有痛苦，人的心灵永远无法成熟。

在这个纷繁的社会里，谁不是在经历了痛苦之后，才找到自身的价值，才洞悉生命的奥秘和本质？痛苦提升人的灵魂，痛苦又折磨人的肉体。一个强者或智者并非没有痛苦，只不过他善于把痛苦的痕迹演绎成前进的轨迹。

快乐与痛苦，就像一枚硬币的两面，是一对不容易调和的矛盾。有快乐就有痛苦，如同有欢笑就有泪水，有相聚就有别离，有成功就有失败，有得就有失，有爱就有恨，有生就有死，有圆就有缺……

面对痛苦，不要一味地回避和躲让。有了它，我们的人生才变得多姿多彩，我们的意志才变得坚韧不拔，我们的思维才变得成熟敏捷。学会迎接痛苦、面对痛苦、化解痛苦，将痛苦转化成支撑人生的脊梁。

一群痛苦的人聚集在庙里，喋喋不休地抱怨，期待上天能赐予他们解脱的法宝。

老沙弥走了过来，微笑着说："请各位安静下来，围坐在一起，敞开心扉，把自己遇到过最刻骨铭心的不幸说出来，相信用不了多久，那些痛苦就会自动消失。"

人们听了很惊诧，都觉得老沙弥言过其实。然而，当其中一些人按照他的提议去做后，却惊讶地发现，通过倾听别人的故事，才意识到世上还有那么多的痛苦，而自己仅仅是经历了其中很渺小的一点罢了。于是，人们放下心结，微笑着走出了庙门。

如果你把挡在眼前的一片树叶视为整个世界的风景，那你永远也无法领略到泰山的雄壮。如果你冷静下来，稍微转换一下方向，小小的树叶就会自动闪开，眼前豁然开朗。

有个叫约翰的教授，在挫折面前有句口头禅："事情还不算太糟！"在他看来，不管什么样的挫折都有它值得庆幸的地方。

在面对学生的失败时，约翰教授总是先花两分钟时间看看学生的报告，然后拍拍学生的肩，笑着说："事情还不算太糟！"然后和学生出去走走，花两个小时开导心情。于是，第二天学生们又开心地进入实验室继续工作。

有一次，约翰太太遇车祸撞断了腿，闻讯后学生们匆匆忙忙赶到医院，没料到约翰教授仍然面带微笑地说："还有一条腿没事，事情还不算太糟！"

约翰教授这种积极乐观的态度,使他在任何困境中都能够找到值得庆幸的地方,保持热忱不致绝望,并且进一步将危机变成转机。他并没有因为困境而意气消沉,亦没有因为困境而怨天尤人,而是在一边品尝着困境的痛苦,一边又体味着其中的乐趣。

快乐是生活的本质内涵,是精彩人生的点缀。无论遭遇什么不幸,只要你不顾一切地去拥抱生活、寻求快乐,让生命之火熊熊燃烧,就能够很快地从痛苦中得到解脱。也只有敢于承受痛苦和不幸的人,才能更好地理解和享受生活;只有经历苦难的磨砺并超越苦难的人,才能真正珍重生命、热爱生活、执着于人生。当你快乐的时候,留一个空间给痛苦,不要让快乐晕眩了你的双眼;当你痛苦的时候,留一个空间给欢乐,不要让痛苦窒息了你的心灵。让我们用灿烂的微笑来点缀生活,用歌声照亮黑夜,在快乐中体会成功的滋味,在痛苦中净化自己的灵魂。

幸福寄语

在这个世界上,每个人都要经历痛苦,痛苦难以避免。挫折的到来,有时是对幸福的提醒,有时是对天才的暗示。挫折是一座熔炉,它能熔掉一个人身上的杂质。当你痛苦的时候,你的心可能因痛苦而善良,你的目光可能因痛苦而深邃,你的襟怀可能因痛苦而坦荡。很多时候,没有痛苦就没有快乐。

品味酸甜苦辣,活得痛快淋漓

生活就像一杯咖啡,看似苦涩,但真正去品尝起来,柔滑香甜。总会有一种无法形容的感觉迷幻着你,从而俘虏你的思想,迷幻你的身心。

细细地品味着我们的生活，以及以后未来的日子，才突然领悟到人生所存在的价值与真谛。当我们遇到困难，走上艰难险阻的人生道路时，是否能够以平静的心态来处理所发生的事，处理好我们的人际关系？

　　千回百转，只有自强不息、勇往直前的人，才能屹立不倒。在困难中，我们总会看到这样的人：在微风中，那个坚持走着的人；在雨水中，那个被雨水打湿的人；在暴风雪中，那个被大雪覆盖的人。我们一直扮演着不同的角色：听话、孝顺、温和的孩子，成熟、冷漠、稳重的父亲，温柔、体贴的丈夫，知心知底的好兄弟、好朋友……我们一直扮演着很多角色，但真正扮演成功的，我们没有一个。

　　人生就像在荡秋千，时而上升，时而降落，经历了许多未曾经历的成功，经历了许多未曾经历的失败，才清楚人生的目标，找到人生的方向。当有一天，我们真正找到我们想要的生活的时候，我们会发现，原来，一切都与你我无关。我们受到生活的排斥，受到社会的挤压，最终的我们应该归往何方？

　　一个人如果能够说明自己很有品位，那么，首先你就要学会品味人生、品味生活。在我们的面前，摆满很多的杯具，白的纯洁，红的惊艳，但却始终没有我们想要的那种生活。

　　这是我亲身经历的一件事情：

　　有一次，母亲去商店，走在她前面的年轻妇女推开沉重的大门，一直等到母亲进入商店后才松开手。当母亲向她道谢时，那位妇女对母亲说："我的妈妈也和您的年纪差不多，我只是希望她遇到这种时候，也有人为她开门。"听了母亲说的这件小事，我的心温暖了许久。

　　一日，我患病去医院输液。年轻的小护士为我扎了两针也没有扎进血管里，眼见针眼泛起了青包。疼痛之时我正想抱怨几句，却抬头看到了小护士额头上布满了密密的汗珠，那一刻我突然想起了我的女儿。于是我安慰她说："不要紧，再来一次！"第三针果然成功了。

　　小护士终于叹了口气，她连声说："阿姨，对不起。我真该感谢你让我扎了三针。我是来实习的，这是我第一次给病人扎针，太紧张了，要不是你的鼓励，我真不敢给你扎了。"

我告诉她，我也有一个和她差不多大的女儿，正在医科大学读书，她也将有她的第一个患者，我真希望女儿第一次扎针也能得到患者的宽容和鼓励。

生活是五彩缤纷的，我们每个人都应该好好地热爱自己所生存着的世界，好好地去品味生活的酸甜苦辣，并且能够以自我的姿态骄傲地活着。

品味人生，不只是一件简单的事。从我们出生的那一刻起，我们一直都在品味，品味着成长，品味着成熟，品味着苍老，最后品味着死亡。但我们真正能够品味的，并没有在心底留下永久的痕迹，因为我们每个人都是独立的个体，都是自我的小宇宙。你未到过我的世界，我也未到过你的生活。

生活一直充满着各种味道，情感交织在其中，酸甜苦辣，幸福温暖，我们慢慢地品味着，深深地被生活影响着。一个人的生活，总是充满着乏味和无聊，过多的放纵又只会带来无尽的空虚。在这一刻，我们渴望选择过自己的生活。这时，或许转折点就在你身边，但你却没有选择的权利，唯一能做的就是让所有一切重归于零，一切从零开始。

品味生活，才知生活并没有那么简单。品味人生，才知人生不存在完美，存在的只有永远无法改变的缺点，永远无法愈合的伤口，永远无法猜不透的心思，无法理解的含义。

酸甜苦辣，人生百味，正是因为有这些苦痛无聊存在，我们的人生才称得上是完整的。不要拒绝痛苦，不要排斥孤独和无聊，不管是什么滋味，我们都要慢慢地去品味。人生就是一场旅行，不必在乎目的地，在乎的是沿途的风景以及看风景的心情。

幸福寄语

生活就像一杯咖啡,看似苦涩,但真正去品尝起来,柔滑香甜。总会有一种无法形容的感觉迷幻着你,从而俘虏你的思想,迷幻你的身心。细细地品味我们的生活,才会领悟到人生所存在的价值。当我们领略到了生活的酸甜苦辣时,我们便能够活得坦然自在,便能够活得轻松自如。

让欣赏成为做人的美德

在现实生活中,每个人都渴望能够得到别人的欣赏。同样,每个人也应该学会去欣赏别人。欣赏是一种给予,一种馨香,一种沟通和理解,一种信赖和祝福。欣赏和被欣赏是互动的力量之源,欣赏者要具备愉悦之心、仁爱之心、成人之美的善念;被欣赏者要产生自尊之心、奋进之心、向上之心。培根说:"欣赏者心中有朝霞、露珠和常年盛开的花朵;漠视者冰结心城,四海枯竭,丛山荒芜。"每个人都应该学会欣赏,只有如此,你才能够赢得越来越多的朋友。

一个年轻人来到一个陌生的地方碰到一位老人,年轻人问:"这里如何?"老人反问:"你的家乡如何?"年轻人说:"简直糟糕透了。"老人接着说:"那你快走,这里同你的家乡一样糟。"又来了另一个年轻人问同样的问题,老人也同样反问,年轻人回答道:"我的家乡很好,我很想念家乡⋯⋯"老人便说:"这里也同样好。"旁观者觉得诧异,问老人为何前后说法不一致?老人回答道:"你要寻找什么,你就会找到什么!"

在不同人的眼中,世界也会变得不同。其实星星还是那颗星星,世界依然还是那个世界。如果你用欣赏的眼光去看,那么你就会发现路边有很多美丽的风景；如果你带着满腹怨气去看，那么你就会觉得世界一无是处，到处充满阴暗与不公。

法国著名大作家雨果说："世界上最宽阔的东西是海洋，比海洋更宽阔的是天空，比天空更宽阔的是人的心灵。"让我们像大海那样笑纳百川，像高山那样巍巍矗立，摒弃自卑、自负和自满，去正确地欣赏别人吧！

一天，林清玄路过一家羊肉馆，一个陌生的中年人热情地叫住他。他以为是一般的读者，打了声招呼就继续往前走。中年人匆忙跑过来拉着他，激动地说："林先生一定不记得我了。"林清玄非常不解地说："很对不起，真的想不起在什么地方见过你。"中年人说起20年前他们会面的情景。当时林清玄在一家报馆做记者写社会新闻，有一天，警察抓到一个小偷。据警察介绍，这个小偷手法高明、细腻、灵活，犯案千件却是首次被捉。一些被偷的人家，几星期后才发现家中失窃。在这乱世，像他这么细腻专业的小偷真是罕见。林清玄不禁对那个小偷产生兴趣，紧接着采访了那个小偷。小偷很年轻，长相斯文、目光锐利。他拍着胸脯对警察说："大丈夫敢做敢当，凡是他做的他都承认。"警方拿出一叠失窃案的照片给他指认，有几张他一看就说："这是我做的，这正是我的风格。"有一些屋子被翻得凌乱的照片，他看了一眼就说："这不是我做的，我的手法没有这么粗。"

也许是林清玄继承了老师欣赏别人的优点，他写了一篇特稿，文中欣赏地感慨："像心思如此细密、手法这么灵巧、风格这样突出的小偷，又是这么斯文有气魄，如果不做小偷，做任何一行都会有成就吧！"站在林清玄面前的羊肉馆老板，正是那个小偷。老板非常诚挚地说："林先生写的那篇特稿，打破了我生活的盲点，使我想，为什么除了做小偷，我没有想过做正当事呢？林先生，哪一天来，我请你吃羊肉呀！"他们在人群熙攘的街头握手道别。

林清玄很是感动，没想到20年前的一篇报道，几句赞赏的话语竟影响了一个青年的一生，竟使一个堕落的青年走向光明。20年后，当年的小偷已经脱胎换骨，重新做人，成了一位小有名气的企业家。如果没有林清玄当年对小偷的"欣赏"，恐怕那个中年人就没有今天的成就。

学会欣赏别人，要先把握尊敬原则、适中原则、真诚原则和自律原则，这四个原则会让你懂得如何去欣赏别人，即使一些细节弄错了，也会得到别人的谅解。

欣赏对方欣赏的事。对方欣赏自己的成就，欣赏自己的能力，欣赏自己的风度，你只要对他的成就，他的能力，他的风度表现出真诚的欣赏，对方一定会很高兴，把你当成难得的知音。

请教对方擅长的事。自己不懂的问题、不清楚的事情，不妨向对方求教，既可增长见识，又能得到对方好感，何乐而不为？

欣赏别人，不是投其所好的精神按摩，更不是卑躬屈膝的精神行贿。要欣赏别人，必须要发现别人的长处，就像伯乐相马一样。倘若没有这种能力，就无法欣赏别人。欣赏别人，需要用心去体会，这样才能够发出由衷的赞美。欣赏别人，可以建立一种健康和谐的人际关系。在节奏飞快的现代社会，在一个无暇沟通的生活环境中，学会欣赏别人尤为重要，只有这样，人与人之间才会多一分融洽，少一分隔阂。

幸福寄语

在日常生活中，我们每个人都渴望得到别人的欣赏。所以，当你学会欣赏别人时，你便会赢得别人的友谊。欣赏别人，不是投其所好的精神按摩，更不是卑躬屈膝的精神行贿。要欣赏别人，必须要发现别人的长处，就像伯乐相马一样。倘若没有这种能力，就无法欣赏别人。欣赏别人，需要用心去体会，这样才能够发出由衷的赞美。

...第20章

简单生活，幸福无限

活得简单，才能活得自由

曾听人说过这样一句话："欲望是一切烦恼的来源，生活越简单，就能越快乐。"相信很多人对这句话是认同的。确实，我们如果在生活中可以减少一些欲求，就能减少很多烦恼，也就不会有人起歹念、有人丧志，也不会发生争执，整个世界就会非常美好。

一个面黄肌瘦的乞丐在大街上闲逛，想找一些吃的，但找来找去都没找到，只得坐在广场上休息。这时，一个男孩左手拿着面包，右手拿着牛奶，边走边吃地经过乞丐的身边。乞丐盯着小男孩手里的食物，摸了摸饿得扁扁的肚皮，咽了咽口水，羡慕地说："有饭吃真是一件非常幸福的事情呀！"

小男孩没理乞丐，继续往前走，看到了一个小女孩坐在爸爸的摩托车上来到了麦当劳门口。他们要了两人份的大餐，小女孩开心地吃着汉堡，喝着可乐。小男孩低头看了看手中的面包和牛奶，非常羡慕地说："能开心地吃麦当劳真是一件幸福的事情呀！"

小女孩吃完麦当劳后，舔着一支雪糕坐上了爸爸的摩托车后座，他们准备回去了。这时，一辆漂亮的黑色小轿车急速驶来，很快绝尘而去。小女孩心里想道："能开这么漂亮的车子，真是一件幸福的事情呀！"但她不知道，小轿车里坐着一个逃犯，警察正在追捕他。这不，警车很快地追上来，逃犯马上就被戴上了冰凉的手铐。坐在警灯闪烁的警车里，犯人透过车窗看到乞丐在路上闲逛，于是他大声喊道："你能自由自在地闲逛，真是一个幸福的人呀！"

听到这句话，乞丐心里一下子高兴起来了。乞丐这才发现，原来自己也是幸福的！于是，乞丐振奋精神，跑去找活干，挣饭钱去了。

观察到了这一切的两位天使，回到天堂后向上帝汇报了他们看到的一切，并不解地问道："为什么乞丐也是幸福的呢？"

上帝听过之后，笑了，说："人人生而有追求幸福的权利，只是一些人没有主动去把握而已。幸福的生活因人而异，只要生活方式适合自己，就能自由自在。"

曾经有一个美丽的女人嫁入豪门，每天陪伴她的都是豪宅名车珠宝。但是她不快乐，她总要陪先生去参加数不清的应酬，也有数不清的太太们无聊的聚会，还会听到无数关于老公的绯闻。刚开始她还觉得很新鲜，后来，她就腻了、累了、厌倦了。她决定退出，果断地提出了离婚，决定不再做男人的金丝雀。她从此告别了豪宅，没有了名车，也没有了珠宝。她住在简单的租来的公寓里，内心平静，仿佛得到了千年之后的重生。她已经四十岁，不再年轻，虽然如此，她说从前在豪宅里她看不到希望，在这租来的公寓里，她却如此踏实。她每天会早早地上班，有时候周末的傍晚，沐着夕阳，穿着长裙慢慢地走一段路回家。

富裕的生活并没有让这个美丽的女人快乐起来，而偏偏简单的生活使她过得平静而踏实，竟然犹如千年灾难之后的重生。原来，简单生活竟然可以带给人如此巨大的改变。

过简单的生活并不等于过贫穷的生活，相反，富贵者更有条件过简单的生活，并且可以更有质量，只是在物欲横流的冲击中，富贵之人不愿过也无法过而已。过简单的生活也并不是无欲无望，心静如死水，而是追求自己真正想要的东西，简单而踏实。

人生很简单，不就是在不断地尝试、不断地体验吗？初恋，失恋，结婚，离婚，就业，失业……生活的面貌一目了然，生活真真切切地在我们面前摆开，让我们去体验，让我们去走过，让我们的人生有悲有喜、有血有肉。

过简单的生活也不是年纪轻轻就暮气沉沉，看透尘世。过简单的生活，就是去繁就简，勇敢地放弃不必要的羁绊，做自己喜欢做的事情，不用隐藏自己的真实感情，也不用逢场作戏笑对他人；过简单的生活，就是把生活精益求精，使生活精致而有乐趣；过简单的生活，就是能坚定自己的原则生活，不为外物所累，不为他人所困，宁失眼前之利断未来之患，宁可独守清贫也不占他人一分一毫。欲望永无尽头，为欲望而伤神劳心，只会让自己的心灵蒙受太多世俗的尘埃，从来都是得不偿失。

过简单的生活，就是应该做什么就做什么，不应该做什么就坚决不做，这便是真正的快乐人生。

幸福寄语

欲望是一切烦恼的来源，生活越简单就能越快乐。在生活中，如果我们能够减少一些欲求，就能够减少很多烦恼。为了让生活变得更加轻松自在，我们可以选择过一种简单的生活。当然过简单生活并不一味地简化生活，而是能够不为外物所累，不为他人所困，宁可独守清贫也绝不占他人一分一毫。

释放内心的重负，给心灵放个假

我们每个人都需要学会给自己的心灵减压，因为我们的心理承受能力都是有一定限度的，不是所有的东西都可以装进来。我们都是凡夫俗子，不可能拒绝一切会给心灵造成负担的东西，所以，我们就需要经常给心灵做个大扫除，放下一些应该放下的东西，减轻心灵的负荷，还原心灵的本真。

一个人觉得每天的生活不堪重负，没有任何快乐可言。于是，他就去请教一位德高望重的哲人。哲人把一只竹篓放在他的肩上说："你背着它上路吧，每走一步都要从路边捡一块石头放在里边，看看是什么感受？"

第20章 简单生活，幸福无限

那个人虽然大惑不解，可还是按哲人说的去办了。可刚走了几百步，他就感到背负太重受不了了，因为竹篓里已经装满了沉重的石头。"你知道自己为什么不快乐吗？是因为你背负的东西太沉重了，它已经把你的快乐压抑殆尽了。"

我们一边行走，一边把功名、利禄、妒忌、小肚鸡肠、斤斤计较等这些沉重的"石头"，放进自己身后的竹篓里，我们的步伐又怎么会轻盈？既然走得这么沉重，又有何快乐可言？

快乐是简单的，快乐是纯粹的，不应为外物所累，所以我们要学会放下。放下，就是要看得开。放下，不是简单地从背上放到地上，而是要真正从心里放下。只要卸下心灵的负累，即使肩负千斤也是快乐的。相反，硬扛心灵的重荷，即使一片鸿毛也能让我们不堪负重。

许多人以为，金钱越多，地位越高，自己的快乐也就会越多。但事实上，越是追求这些，快乐似乎离得越远。学会放下并非我们真正想要的东西，你才能感到来自心底的最真实、最痛快淋漓的快乐。所以，要想快乐，就必须懂得放下。

曾经有一位著名的实业家每天承担巨大的工作量，可是没有人可以替他分担一点点。在整日繁重的工作之余，他每天还得提着一个沉重的手提包回家，包里装的都是必须由他亲自处理的急件。

紧张劳累的工作，使得这位实业家身心疲惫不堪，他不得不去医院进行诊疗。医生给他开了一个处方：每天散步两小时；每星期空出半天的时间到墓地去一趟。

这位实业家对此迷惑不解："为什么要在墓地待上半天呢，这与我的身体健康有什么关系吗？"

"因为，"医生不慌不忙地回答，"我只是希望你四处走一走，瞧一瞧那些与世长辞的人的墓碑。那些长眠墓地的人，他们生前也与你一样，认为全世界的事都得扛在自己肩上，如果你继续你的这种工作方式，也许很快你也会加入他们的行列。我们手头上的工作永远也做不完，但我们的生命却是有限的。是用有限的生命去完成无限的工作，还是多陪陪家人，多四处走走？你其实可以自己选择。"

实业家明白了其中的道理。

从医院回来后，实业家放慢了以往匆忙的脚步。上班时间一过，沉重的手提包就被他慎重地搁下；晚饭之后，他会携同妻儿一同散步；按照医生的叮嘱，也会抽出一些时间去墓地冥思。当他投身于这一切时，他感受到仿佛有人在静静听他诉说那不堪负重的压力，安慰他那压抑的心灵。从前那种累累重压的苦闷一下子被驱除了，这种轻松的心态也使得这位实业家在事业上平步青云，在生活中乐观开朗。

在匆忙工作之中，别忘了忙里偷个闲，给自己的心灵放个假，让它充分享受放松带来的愉悦。别总以为把内心装得满满的就是充实，其实卸下心灵的负荷更是一种幸福。

那么，我们具体应该怎样做才能够释放掉内心的压力呢？

（1）接受帮助

不要认为自己能够做好一切事情。如果遇到力所不能及的事情，你最好能请别人帮忙。与其花两个小时做无谓的劳动，不如到公园散步和朋友闲聊。

（2）不要同时做几件事

不要指望自己能同时做好几件事。与其同时做几件事情，不如考虑如何提高效率。

（3）把家务分开做

尽量不要搞大扫除。最好是把家务分成几部分来做。譬如，今天整理浴室，明天除尘，后天擦窗户。心理学家认为，做少量家务不会使人感到疲劳，而且还使人有愉悦感。

（4）积极从事体育锻炼

从事任何项目的体育活动都能使人感到惬意，但前提是不要运动量过大。另外，与其在家中使用健身器械，不如到公园散步、同朋友踢球、打球或到游泳馆游泳。

（5）留给自己一些时间

要学会多留些时间给自己。一个人如果总是不能闲着，会使周围人的情绪紧张。如果累了，你就躺着，即使不累，为了爱惜自己也可以躺着放松一下。

幸福寄语

我们每个人都需要学会给自己的心灵减压，因为我们的心理都有一定的承受限度，不是所有的东西都可以装进来。我们都是凡夫俗子，不可能拒绝一切会给心灵造成负担的东西，所以，我们就需要经常给心灵做个大扫除，放下一些应该放下的东西，减轻心灵的负荷，还原心灵的本真，唯有这样才能体验到真正的快乐。

做个单纯的人，走一段幸福的路

我们时常会感觉心累，那是因为自己想得太多。我们总说生活烦琐，其实是自己不懂得品味。我们总是争强好胜，其实是自己虚荣心太强。其实，人生就那么简单，多点快乐，少点烦恼，累了就睡觉，醒了就微笑，做一个最单纯的人，走一段最幸福的路。

有一天，一个国王独自到花园里散步，使他诧异的是，花园里的花草树木都枯萎了，园中一片荒凉。后来国王了解到，橡树由于没有松树那么高大挺拔，因此轻生厌世死了；松树又因自己不能像葡萄那样结出许多果实，也忌妒而死；葡萄哀叹自己终日匍匐在架子上，不能直立，不能像桃树那样开出美丽的花朵，于是也死了；牵牛花也病倒了，因为它叹息自己没有紫丁香那样芬芳。其余的花草树木都因自己的平凡而垂头丧气，没精打采，只有细小的心安草在茂盛地生长。

国王看了看这棵渺小得几乎不能再渺小、平凡得几乎不能再平凡的心安草问道："小小的心安草啊，别的植物全都枯萎了，为什么你这小草却这么勇敢乐观、毫不沮丧呢？"小草回答说："国王啊，我一点也不灰心失望。因为我知道，如果您想要一棵榕树，或者一棵松柏、一些葡萄、一棵桃树、一株牵牛花、一株紫丁香什么的，您就会叫园丁把它们种上。而我知道您只希望我做小小的心安草。"

也许你会认为，甘心作一棵"无人知道的小草"的想法过于消极。有些聪明能干、有远大抱负的年轻人总是瞧不起那些平凡过日子的人，他们认为这些人"没出息"、"微不足道"、"活得没意思"。当他们面对挫折与不幸时，面对和常人一样平淡无奇的生活时，他们就会觉得生活无聊透顶，因而生出了无尽的烦恼，甚至走上不归路。

其实平凡中有时候也含有一些伟大的道理，因为平凡所以伟大。荀子的思想中，有这么一句话，大意是：没有大烦恼与灾祸的日子，就是天大的幸福。而古希腊的大哲人伊壁鸠鲁说得更经典："幸福，就是身体的无痛苦和灵魂的无纷扰。"

生活有目标，想出人头地，可以说是一种相当积极的心态，可是这必须建立在对平凡生活的肯定之上。唯有对平凡生活的肯定，才能让人更发愤向上。相反，如果对平凡生活的状况一直抱着不满的态度，一心想着出人头地，反而会给你带来负面的影响。

某一天，学校里的年轻老师像往常一样给孩子们讲述《乌鸦和狐狸》的故事：

狐狸看到乌鸦嘴里衔着一块令人馋涎欲滴的肉，就赞美乌鸦羽毛漂亮、身材健美，是天生的百鸟之王，倘若能够再唱支歌的话那就更可爱了。乌鸦听了非常高兴，就得意忘形地唱起歌来。可是刚一张嘴，肉就掉到了地上，狐狸叼起肉喜滋滋地走了。

讲完课文的中心思想之后，老师让同学们对受骗的乌鸦说一句话。几乎所有的同学都说，"乌鸦，你太虚荣了，听了恭维话就得意忘形"。只有一位胖乎乎的小女孩说，"乌鸦，你别难过了，我分给你一块肉"。小女孩刚说完,全班同学都开始哄堂大笑。老师语重心长地说:"你这孩子,就像《农夫和蛇》里的农夫一样,会吃亏的。"小女孩依然小声地说:"乌鸦受骗心里正难过呢,这个时候一定最需要好朋友的安慰了。"

过了一会儿,老师又开始问同学们:"你们再想一想,如果乌鸦以后再见到狐狸,会是什么情况呢?"同学们都抢先回答:"无论狐狸再怎么夸奖乌鸦,乌鸦都不会再理它。"只有班上最机灵的小男孩回答:"狐狸是狡猾的,肯定不会再用老办法骗乌鸦了。它一定会对乌鸦说,上次我骗了你的肉,我妈妈狠狠地批评了我,让我回来向你道歉。如果你不肯原谅我,我就站在这里不走了。乌鸦见它一脸诚恳,就对它说,你不要担心,我原谅你了。刚说完,嘴里的肉又掉了。狐狸立即又把肉叼到了嘴里。乌鸦哈哈大笑,臭狐狸,你死定了,我在肉里下了药。狐狸连忙把肉吐了出来,以最快的速度奔到小溪边用水漱口。这时乌鸦从树上飞下来把肉叼走了。"听了这段想象力丰富的描述,同学们禁不住鼓起掌来,老师也为孩子的聪明暗暗惊叹。

按常理说,这个聪明的小男孩长大后也一定不简单。但是若干年后,当这位老师作为教育界知名人士去监狱做帮教演讲的时候,遇到的服刑人员居然是当年那个绝顶聪明的小男孩,而作为优秀企业家与她同行的则是被全班同学嘲笑的那个小女孩。这位老师开始深深反省:"当时怎么没有想到,能去安慰被讽刺、被嘲笑乌鸦的小女孩有着多么单纯的爱心!而小小年纪,连狐狸都敢骗的孩子,在如此聪明绝顶的背后又隐藏着多么可怕的东西啊!这孩子生活在怎样的家庭?为什么会有这样狡诈的心计?自己当年怎么就没有想过呢?"

很多时候,从表面上看单纯的孩子缺乏生存能力。但从另一方面看,身边的一些人却真的是因为简单而优秀的。这并不奇怪,因为聪明并不一定是成功的最终条件。成功还需要一种力,那就是看起来有些单纯呆傻的钝感力。

在《射雕英雄传》里,郭靖憨厚质朴,傻乎乎的没有什么心机,更没有什么人生技巧和策略。但是,正是这种简单的头脑,使得他心无旁骛地学成了天下最高的武艺——"降龙十八掌",成为顶天立地的武林高手。与之相比,他的恋人黄蓉,虽然聪明,却没有郭靖那么一股执着的傻劲儿,成就远远在他之下。

我们总是习惯于往一些诡秘的方向去猜测成功的秘诀,比如"厚黑学",但具有讽刺意味的是,很多人在这条道路上钻了一辈子却并无多大成就,而那些被我们看不起的平常人却那么潇洒地平步青云了。也许非要到了一定的年龄,我们才会明白,在社会中生存的最优法则仍然是那些被我们忽视的,最古老、最简单的道理,比如诚实、勤劳、宽恕、合作……

上帝从不为难简单的人,简单的人会做得更优秀。因为简单的人没有太多复杂的算计,只有实干的行动。大家要多和简单的人交朋友,他们往往会把这个世界想象成如童话般纯净明亮。这并不是因为他们不知道世道的艰难险恶,也不是因为他们的思考水平较低,当你和他们进行对话时就会发现,越是这样的人,越具有广阔的视野。他们非常清楚地知道,简单就是美,简单点才更有利于在这个复杂的世界上生存。

倘若我们能够多和简单的人在一起,我们便能够很容易获得幸福,因为幸福是可以相互传染的。一个人变得简单一些,就会多出一份脚踏实地的专注,多一份成功的回旋余地。毕竟,这个世界最终还是靠实力来说话的,技巧之类的花拳绣腿永远都无法对抗强大的钝感力。

幸福寄语

我们时常会感觉到心累,因为自己想得太多。我们总是觉得生活烦琐,其实是自己不懂得品味。我们总是争强好胜,其实是自己虚荣心太强。人生本来就非常简单,多点快乐,少点烦恼,努力做一个最单纯的人,走一段最幸福的路。

学会放弃，方能带来内心的幸福感

　　人的欲望总是希望有所得，以为拥有的东西越多，自己就会越快乐。所以，这一人之常情就迫使我们沿着追寻获取的路走下去。可是，有一天，我们忽然惊觉，我们的忧郁、无聊、困惑、无奈，一切的不快乐，都和我们的要求有关。我们之所以不快乐，是我们渴望拥有的东西太多，或者，太执着，不知不觉，我们已经被自己的欲望束缚住了。

　　有时候，你明明知道那不是你的，却想去强求，或可能出于盲目自信，或过于相信精诚所至、金石为开，结果不断地努力，却遭来不断的挫折。有的靠缘分，有的靠机遇，有的需要我们能够以看山看水的心情来欣赏，不是自己的不强求，无法得到的就放弃。俗话说，有失才会有得，放下了才能拥有。

　　在生活中，我们总是渴望着索取，渴望着占有，常常忽略了舍，忽略了占有的反面——放弃。静观万物，体会与世界一样博大的境界，我们自然会懂得适时地有所放弃，这正是我们获得内心宁静的最好方法。

　　生活有时会逼迫你，不得不交出权力，不得不放走机遇，甚至不得不抛下爱情。你不可能什么都得到，生活中应该学会放弃。放弃会使你显得豁达豪爽，放弃会使你冷静主动，放弃会让你变得更智慧和更有力量。

　　很久以前，有这么一位年轻人，他多才多艺，但是却没有一样精通，他感到很困惑，不知如何是好。

　　于是，他去请求一位禅师为他指点迷津。这位禅师见到他后，并没有说什么，只是先请他大吃一顿。禅师吩咐人在桌子上摆满了上百种不同花样的斋饭，大多数是这个年轻人未曾见过的。开始用斋时，年轻人挥动筷子，想要尝尽每一道菜，当用饭结束后，他吃得非常饱。

禅师于是问:"你吃的都是些什么味道?"他摸了摸肚子,很为难地说:"百种滋味,已难以分辨,只有撑胀。"禅师又问:"那你是否舒服、满足?"他答道:"很痛苦。"禅师笑了笑,没有说任何言语。

次日,禅师邀他一同登山。当他们爬到半山腰时,那里有许多稀奇的小石头。年轻人很是庆幸,于是边走边把喜欢的石头放入口袋中。很快袋子便装得满满的,他已经背负不动,但又舍不得丢掉那些石头。

此时禅师猛然呵道:"该放下了,如此又怎么能登到山顶?"年轻人望着那未曾到过的山的顶端,顿时彻悟,立即抛下袋子,轻盈地爬向山顶。

人的能力是有限的,要把每一件事情做好是不可能的,我们只能放弃一部分次要的,努力完成主要的任务。

人的一生很短暂,有限的精力使人不可能方方面面都顾及,而世界上又有那么多炫目的精彩,这时候,放弃就成了一种大智慧。放弃其实是为了得到。只要能得到你想得到的,放弃一些对你而言并不是必需的"精彩",又有什么不可以呢?

放弃是一种睿智。尽管你的精力过人、志向远大,但时间不容许你在一定时间内同时完成许多事情,正所谓"心有余而力不足"。所以,在众多的目标中,我们必须依据现实,有所放弃,有所选择。

如果在放弃之后,烦乱的思绪梳理得更加分明,模糊的目标变得更加清晰,摇摆的心变得更加坚定,那么放弃又有什么不好呢?

在现实社会中,总有很多的无奈需要我们去面对,总有很多的道路需要我们去选择。放弃一些原本不属于自己的,去把握和珍惜真正属于自己的。

放弃一些烦琐,为了轻便地前行;放弃一丝怅惘,为了轻快地歌唱;放弃一段凄美,为了轻松地梦想。放弃,是一种伤感,更是一种美丽。

能够放弃是一种超越,睿智的人都懂得该放弃时就放弃。不吐故就无法纳新,看似艰难的取舍,却可以让人走出人生的迷途,甚至可以改变人生的命运。敢于放弃,在落泪之前悄然离去,只留下一个简单的背影;敢于放弃,将昨天埋在心底,只留下一份美好的回忆。当你学会了放弃,做到简单从容的时候,你已走出了生命的低谷。

幸福寄语

人的欲望总是希望有所得,以为拥有的东西越多,自己就会越快乐。很多时候,之所以不快乐是因为我们内心存在太多的欲望。在生活中,我们总是渴望着索取,渴望着占有,常常忽略了舍,忽略了占有的反面——放弃。其实,放弃是我们获得内心幸福感的最好方法。